케이크 디자이너·제과기능장 자격증 취득에 도움이 되는

Cake Decoration
Piping Technique Master
케이크 데코레이션 파이핑 테크닉 마스터

김철용, 김창석, 이현순, 이지영 공저

다락원

Cake Decoration
Piping Technique Master
케이크 데코레이션 파이핑 테크닉 마스터

지은이 김철용, 김창석, 이현순, 이지영
펴낸이 정규도
펴낸곳 (주)다락원

초판 1쇄 발행 2022년 1월 10일
초판 3쇄 발행 2025년 1월 10일

기획 권혁주, 김태광
편집 이후춘, 한채윤

디자인 박보희, 이승현, 김희정

다락원 경기도 파주시 문발로 211
내용문의: (02)736-2031 내선 291~296
구입문의: (02)736-2031 내선 250~252
Fax: (02)732-2037
출판등록 1977년 9월 16일 제406-2008-000007호

값 15,000원
ISBN 978-89-277-7188-3 13590

들어가는 글

　제과제빵 작업을 전문적으로 하거나 직업으로 하는 프로페셔널(professional)한 사람이 습득해야 하는 기술에는 여러 가지가 있습니다. 습득해야 할 다양한 기술들을 여러 관점에서 분석할 수 있겠지만 저자는 부가가치라는 관점에서 한번 생각해보고자 합니다.

　물건이나 서비스의 생산 과정에서 새로 덧붙인 가치를 부가가치 혹은 생산가치라고 합니다. 그런데 생산과정에서 그 부가가치가 무엇으로부터 혹은 누구로부터 기인하는지를 따져 보아야 합니다. 그래서 제과사와 제빵사는 우리 자신의 기술을 기반으로 보다 많은 부가가치가 창출될 수 있도록 공부하고 연구해야 합니다. 이러한 생각을 바탕으로 제과제빵을 비교해보면 공통부분도 많지만 차이점도 있습니다. 그리고 이러한 차이가 제과제빵의 개별적인 부가가치에 결정적인 요인이 됩니다.

　그렇다면 그 차이를 여기서 한번 짚어보기로 합시다. 먼저 제빵을 보면 제빵에서는 발효 메커니즘을 이해하고 적용하여 빵을 제조하는 것입니다. 그리고 만든 빵에서 다양한 발효의 차이를 고객이 느끼고 즐길 수 있도록 만드는 것입니다. 이러한 작업을 통해 나오는 제빵의 부가가치는 제빵사에 의해 만들어지기 때문에 온전히 제빵사의 몫이 됩니다. 이와 다르게 제과에서는 케이크 또는 디저트 등의 제품의 디자인과 스타일링으로 제품의 부가가치를 높입니다. 이러한 작업을 통해 만들어지는 제과의 부가가치는 온전히 제과사의 몫이 됩니다.

　이러한 제과제빵 산업의 구조적 특성에 대한 이해와 시대적 사명감을 갖고 우리 저자들은 케이크와 디저트의 디자인 및 스타일링에 관한 레퍼런스 및 아이디어 북을 만들고자 마음을 모았습니다. 그리고 이번 책에서는 제과사의 부가가치 즉 생산가치를 높이는 케이크 데코레이션 테크닉을 마스터 할 수 있도록 구성했습니다. 끝으로 이러한 마음을 헤아리고 함께 해주신 다락원 출판사에 진심으로 감사드립니다.

저자 일동

차례

Part 1
준비하기

Part 2
파이핑 테크닉 구성요소

Part 3
다양한 모양깍지 활용법

Part 4
선과 글씨 짜기

Part 5
다양한 조형물 짜기

도구의 종류와 용도

돌림판

케이크 시트를 올려놓고 돌려가며 크림을 바르는 데 사용한다.

스패튜라

크림을 떠서 케이크 시트에 올려 놓고 크림을 바르는 데 사용한다.

연습용 케이크 시트(목각)

나무로 만든 케이크의 시트로 아이싱과 파이핑을 연습할 때 사용한다.

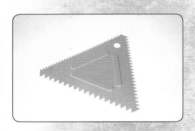

삼각톱날

케이크 시트에 아이싱을 한 후 다양한 줄무늬를 만들고자 할 때 사용한다.

돔형 카드

돔 케이크를 아이싱 할 때 표면을 매끄럽게 하기 위해 사용한다.

꽃가위

파이핑 테크닉으로 꽃을 짠 후 아이싱 한 케이크에 꽃을 배열할 때 사용한다.

짤주머니

모양깍지를 끼우고 크림을 담아 다양한 파이핑 테크닉을 구사하는 데 사용한다.

모양깍지

크림에 다양한 모양이 새겨질 수 있도록 하는 데 사용한다.

별 깍지

별무늬를 기반으로 다양한 파이핑 테크닉을 구사하는 데 사용한다.

물결무늬 깍지

물결무늬를 기반으로 다양한 파이핑 테크닉을 구사하는 데 사용한다.

원형 깍지

볼 형태를 기반으로 다양한 파이핑 테크닉을 구사하는 데 사용한다.

꽃 깍지

천 형태를 기반으로 다양한 파이핑 테크닉을 구사하는 데 사용한다.

잎 깍지

잎무늬를 기반으로 다양한 파이핑 테크닉을 구사하는 데 사용한다.

상투 깍지

별 깍지처럼 다양한 파이핑 테크닉을 구사하는 데 사용한다.

시폰 깍지

별 깍지처럼 다양한 파이팅 테크닉을 구사하는 데 사용한다.

국화 깍지

국화꽃과 은방울꽃을 파이핑하는 데 사용한다.

Part 1

준비하기

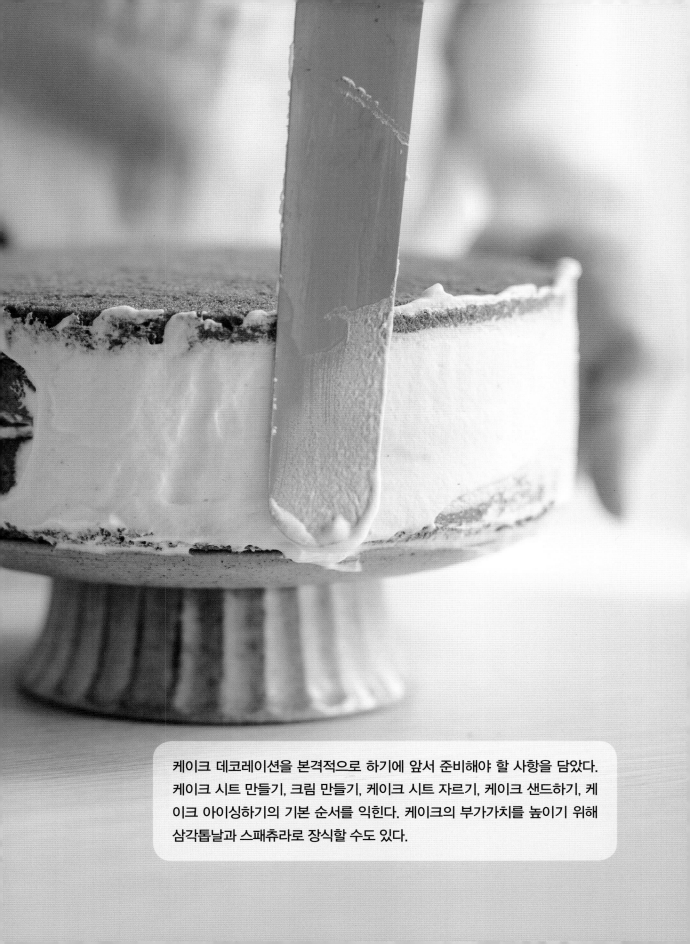

케이크 데코레이션을 본격적으로 하기에 앞서 준비해야 할 사항을 담았다. 케이크 시트 만들기, 크림 만들기, 케이크 시트 자르기, 케이크 샌드하기, 케이크 아이싱하기의 기본 순서를 익힌다. 케이크의 부가가치를 높이기 위해 삼각톱날과 스패츄라로 장식할 수도 있다.

버터 스펀지 케이크

 배합표

재료명	비율(%)	무게(g)
달걀	200	600(11개)
설탕	100	300
소금	1	3
박력분	100	300
버터	25	75
물	40	120
계	466	1,398

※ 제과기능장 실기시험 배합표

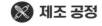 **제조 공정**

반죽　　**공립법(더운 믹싱법)**
① 믹서볼에 달걀을 넣고 풀어준다.
② 설탕과 소금을 넣고 섞는다.
③ 중탕으로 달걀 반죽을 60℃까지 데운다.
④ 믹서볼 밑에 뜨거운 물을 받치고 고속으로 휘핑하여 80% 정도의 상태를 만든다.
⑤ 중속으로 휘핑하여 100% 상태를 만든다.
⑥ 체에 친 박력분을 넣고 가볍게 혼합한다.
⑦ 버터와 물을 함께 60℃로 데운 후 ⑥의 반죽을 소량 넣어 애벌반죽으로 만들어 다시 ⑥에 붓고 가볍게 혼합한다.

비중　　**0.37~0.4**

패닝　　**2호 기준 300~340g, 4팬**

굽기　　① 오븐 온도 : 170/155℃
② 굽기 시간 : 25~28분

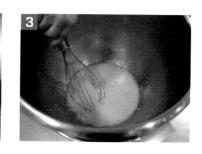

모카 스펀지 케이크

 배합표

재료명	비율(%)	무게(g)
달걀	166.7	400(8개)
설탕	100	240
(물Ⓐ)	(20)	(48)
박력분	100	240
버터	33.3	80
인스턴트 커피분말	5	12
물Ⓑ	5(30)	12(72)
물	40	120
계	410(455)	984(1,092)

※ 제과기능장 실기시험 배합표
※ 괄호 내용은 안정적으로 제품이 더 잘나오는 수치

 제조 공정

반죽

공립법(더운 믹싱법)
① 믹서볼에 달걀을 넣고 풀어준다.
② [설탕, 물Ⓐ]를 넣고 섞는다.
③ 중탕으로 달걀 반죽을 60℃까지 데운다.
④ 믹서볼 밑에 뜨거운 물을 받치고 고속으로 휘핑하여 80% 정도의 상태를 만든다.
⑤ 중속으로 휘핑하여 100% 상태를 만든다.
⑥ 체에 친 박력분을 넣고 가볍게 혼합한다.
⑦ [버터, 인스턴트 커피분말, 물Ⓑ]를 함께 60℃로 데운 후 ⑥의 반죽을 소량 넣어 애벌반죽으로 만들어 다시 ⑥에 붓고 가볍게 혼합한다.

비중

0.4~0.5

패닝

2호 기준 320~330g, 3팬

굽기

① 오븐 온도 : 170/155℃
② 굽기 시간 : 25~30분

초코 스펀지 케이크

🍳 배합표

재료명	비율(%)	무게(g)
달걀	160	800(16개)
설탕	100	500
소금	1.2	6
바닐라 향	0.8	4
박력분	85	425
코코아 분말	15	75
(온수)	(40)	(200)
버터	18	90
계	380(420)	1,900(2,100)

※ 제과기능장 실기시험 배합표, 괄호 내용은 안정적으로 제품이 더 잘나오는 수치

⚔️ 제조 공정

준비하기

코코아 죽 만들기
① 물에 코코아 분말을 풀어준다.
② 버터를 녹인 후 ①에 섞는다.
③ 완성된 코코아 죽 위에 비닐을 덮어서 마르지 않도록 하며 중탕으로 죽의 온도를 60℃ 정도로 유지한다.

반죽

공립법(더운 믹싱법)
① 믹서볼에 달걀을 넣고 풀어준다.
② 설탕, 소금, 바닐라 향을 넣고 섞는다.
③ 중탕으로 달걀 반죽을 70℃까지 데운다.
④ 믹서볼 밑에 뜨거운 물을 받치고 고속으로 휘핑하여 80% 정도의 상태를 만든다.
⑤ 중속으로 휘핑하여 100% 상태를 만든다.
⑥ 체에 친 박력분을 넣고 가볍게 혼합한다.
⑦ 미리 준비해 둔 코코아 죽에 ⑥의 반죽을 소량 넣어 애벌반죽으로 만들어 다시 ⑥에 붓고 가볍게 혼합한다.

비중   0.46

패닝   2호 기준 390~400g, 5팬

굽기   ① 오븐 온도 : 170/155℃   ② 굽기 시간 : 30분

이 시트의 특징   ① 반죽의 되기가 된 편이다.
                 ② 완성된 시트의 무게가 상당히 무겁다.

동물성 생크림

 파이핑 응용범위

☑ 묽은 크림용 파이핑
☑ 중간 크림용 파이핑
☐ 된 크림용 파이핑

배합표

재료명	무게(g)
동물성 생크림	500
설탕	0~50
리큐르	6

※ 설탕은 범위에서 취향에 따라 선택한다.

 특징

우유의 지방으로 만들기 때문에 모양과 형태를 유지하는 가소성
이 떨어지므로 다양한 파이핑 테크닉을 연출하기에는 어렵다.

제조 공정

① 생크림을 믹서볼에 붓고 먼저 고속으로 휘핑한다.
② 아이싱을 할 수 있는 상태까지 휘핑한다.
③ 중속으로 휘핑하여 거친 기포를 작고 치밀한 기포상태로 만
   든다.

TIP

• 취향에 따라 다양한 리큐르 계열의 술을
  향료로 사용할 수 있다.

식물성 생크림

야자유 혹은 팜유의 지방으로 만들기 때문에 모양과 형태를 유지하는 가소성이 뛰어나므로 다양한 파이핑 테크닉을 연출하기에 매우 좋다.

제조 공정

① 생크림을 믹서볼에 붓고 먼저 고속으로 휘핑한다.
② 아이싱과 파이핑을 할 수 있는 상태까지 휘핑한다.
③ 중속으로 휘핑하여 거친 기포를 작고 치밀한 기포상태로 만든다.

🎛 파이핑 응용범위

☑ 묽은 크림용 파이핑
☑ 중간 크림용 파이핑
☑ 된 크림용 파이핑

🎂 배합표

재료명	무게(g)
식물성 생크림	500
리큐르	4

🥄 TIP

• 취향에 따라 다양한 리큐르 계열의 술을 향료로 사용할 수 있다.

버터크림

🎹 파이핑 응용범위

☑ 묽은 크림용 파이핑
☑ 중간 크림용 파이핑
☑ 된 크림용 파이핑

🍱 배합표

재료명	무게(g)
버터	600
흰자	150
설탕	180
물엿	60
물	60
리큐르	6

특징

유지방 함량이 80% 이상인 버터를 이용하여 만드는 버터크림은 가소성이 매우 뛰어나므로 다양한 파이핑 테크닉을 연출하기에 매우 좋다.

⚔️ 제조 공정

① 설탕과 물을 스테인리스 볼에 넣고 114~118℃로 끓여 시럽을 제조한다.
② 흰자를 휘핑하면서 끓인 시럽을 조금씩 천천히 나누어 투입한다.
③ 완성된 이탈리안 머랭에 버터를 나누어 투입하면서 균일하게 섞는다.
④ 믹싱하여 처음 부피의 2~3배 정도가 되도록 크림상태를 만든 후 리큐르를 넣고 균일하게 혼합한다.
⑤ 버터크림의 완성 농도를 확인한다.

💡 TIP

- 버터는 사용 전 실온에 두어 유연하게 만들거나 혹은 따로 버터를 풀어 부드러운 포마드 상태를 만든다.
- 뜨거운 시럽을 부어 만드는 이탈리안 머랭의 온도가 실온이 될 때까지 고속으로 휘핑한다.

가나슈 크림

🎹 파이핑 응용범위

☑ 묽은 크림용 파이핑
☑ 중간 크림용 파이핑
☑ 된 크림용 파이핑

🎛 배합표

재료명	무게(g)
초콜릿	400
생크림	200

🍶 특징

초콜릿을 이용하여 만드는 가나슈는 가소성이 뛰어나므로 다양한 파이핑 테크닉을 연출할 수 있다.

⚔ 제조 공정

① 생크림을 스테인리스 볼에 붓고 60℃ 정도로 중탕한다.
② 잘게 썬 커버츄어 초콜릿을 스테인리스 볼에 붓고 중탕하여 45℃ 정도로 용해시킨다.
③ 용해시킨 초콜릿과 데운 생크림을 균일하게 섞는다.
④ 냉장고에서 짤주머니로 짤 수 있는 상태까지 굳힌다.

💧 TIP

• 초콜릿의 종류에 따라 융점과 굳는 정도가 눈에 띄게 다르므로 주의하여 작업을 진행한다.

앙금 크림

 특징

흰 앙금을 이용하여 만드는 앙금 크림은 가소성이 매우 뛰어나므로 다양한 파이핑 테크닉을 연출할 수 있다.

제조 공정

① 흰 앙금과 버터를 믹서볼에 넣고 중속으로 섞는다.
② 재료가 균일하게 섞이면서 흰 앙금이 부드러운 페이스트 상태가 될 때까지만 섞는다.

 파이핑 응용범위

☑ 묽은 크림용 파이핑
☑ 중간 크림용 파이핑
☑ 된 크림용 파이핑

배합표

재료명	무게(g)
흰 앙금	500
버터	50

TIP

• 만약 흰 앙금의 양이 많을 경우에는 휘퍼 대신 비터를 사용한다.

머랭 아이싱

🧁 파이핑 응용범위

☑ 묽은 크림용 파이핑
☑ 중간 크림용 파이핑
☑ 된 크림용 파이핑

🎛 배합표

재료명	무게(g)
흰자	200
설탕	320
분당	80

특징

달걀 흰자를 이용하여 만드는 머랭 아이싱은 가소성이 매우 뛰어나므로 다양한 파이핑 테크닉을 연출하기에 매우 좋다.

⚔ 제조 공정

① 흰자와 설탕을 믹서볼에 붓고 균일하게 섞는다.
② 중탕으로 80℃ 정도가 되도록 만든다. 이때 흰자가 익지 않도록 가끔씩 휘저어준다.
③ 고속으로 휘핑한다.
④ 머랭에 힘이 생기고 광택이 나면서 100% 상태가 되면 고속 휘핑을 멈춘다.
⑤ 중속으로 휘핑하면서 온제 머랭의 온도가 30℃ 정도로 떨어지면 체로 친 분당을 넣고 주걱으로 가볍게 섞어준다.

💡TIP

• 작업장의 온도가 낮은 경우 고속으로 휘핑할 때 휘핑 초기에는 뜨거운 물을 믹서볼에 받쳐준다.

로열 아이싱

 파이핑 응용범위

☑ 묽은 크림용 파이핑
☑ 중간 크림용 파이핑
☑ 된 크림용 파이핑

배합표

재료명	무게(g)
슈가파우더	650
흰자	100
주석산	0.6
물Ⓐ	4
설탕	50
물Ⓑ	25

 특징

달걀 흰자와 슈가파우더를 이용하여 만드는 로열 아이싱은 가소성이 매우 뛰어나므로 다양한 파이핑 테크닉을 연출하기에 매우 좋다.

제조 공정

① 흰자를 믹서볼에 붓고 80%정도 거품을 낸다.
② 거품을 낸 흰자에 물Ⓐ에 녹인 주석산을 넣고 섞는다.
③ 물Ⓑ에 설탕을 넣고 끓여 시럽을 만든다.
④ 거품을 낸 흰자에 끓인 시럽을 조금씩 부으면서 휘핑하여 100% 상태를 만든다.
⑤ 체 친 슈가파우더를 몇 번에 걸쳐 나누어 넣으면서 잘 섞는다.
⑥ 윤기가 나며 부드러운 상태의 로열 아이싱이 되면 휘핑을 멈춘다.

TIP

• 주석산은 1g을 계량한 후 적당히 나누어 사용한다.
• 완성된 로열 아이싱은 잘 말라 굳기 때문에 볼에 옮겨 랩을 씌워 사용한다.
• 로열 아이싱은 꽃을 짜기에 가소성이 좋다.

바를 사용하여 수평으로 자르기

 과정 개요

케이크 시트 자르기는 케이크를 샌드하기 위하여 일정한 높이로 시트를 수평으로 자르는 작업을 말한다. 여기서는 바를 사용하여 시트를 수평으로 자르는 방법을 소개하고자 한다.

제조 공정

① 바가 움직이지 않도록 작업대 위에 먼저 랩핑을 한다.
② 그 위에 케이크 시트의 직경을 고려하여 바를 수평으로 벌려 놓는다.
③ 1cm 혹은 1.5cm 높이의 바 가운데 케이크 시트를 놓는다.
④ 바에 빵칼의 날을 붙이고 위아래로 움직이면서 케이크 시트를 자른다.

TIP

• 바의 높이는 다양하게 있지만 일반적으로 1cm와 1.5cm의 면을 함께 갖고 있는 것을 많이 사용한다.

원형 케이크

원형 케이크 샌드하기

자른 케이크 시트 사이사이에 선택한 크림을 균일하게 펴 바르는 작업을 말한다.

① 케이크 시트의 부스러기를 털어낸다.
② 맨 밑 시트부터 사이에 들어갈 크림을 균일한 두께로 펴 바른다.
③ 그 다음 시트를 그 위에 얹고 사이에 들어갈 크림을 균일한 두께로 펴 바른다.

원형 케이크 아이싱하기

샌드한 케이크 시트 윗면과 옆면에 크림을 균일하게 펴 바르는 작업을 말한다.

1. 윗면 아이싱

케이크 시트 윗면에 주걱으로 크림을 얹는다.	스패츄라를 좌우로 움직이면서 크림을 펴 바른다.	스패츄라를 윗면 정 가운데에 가볍게 고정한 후 스패츄라의 한쪽 날은 들고 다른 한쪽 날은 크림에 밀착시킨다. 이때 스패츄라의 날은 수평을 유지하는 것이 매우 중요하다.	위와 같은 자세를 유지하면서 동시에 돌림판을 세게 돌려 윗면의 크림을 매끄럽게 정리한다.

2. 옆면 아이싱

케이크 시트 옆면에 스패츄라로 크림을 붙인다.

스패츄라를 수직으로 세운 후 좌우로 움직여가며 크림을 펴 바른다.

케이크 옆면을 크림으로 다 덮을 때까지 반복한다.

스패츄라의 끝을 돌림판에 가볍게 고정한 후 스패츄라의 한쪽 날은 들고 다른 한쪽 날은 크림에 밀착시킨다. 이때 수직으로 세운 스패츄라의 날을 일직선으로 유지하는 것이 매우 중요하다.

위와 같은 자세를 유지하면서 동시에 돌림판을 세게 돌려 옆면의 크림을 매끄럽게 정리한다.

3. 모서리 세우기

스패츄라를 수평으로 유지한 후 스패츄라의 한쪽 날은 들고 다른 한쪽 날은 크림에 밀착시킨다.

수평을 유지하면서 위로 올라온 크림을 깎아준다.

돌림판을 돌려가며 위로 올라온 크림 깎기를 반복한다.

돔 케이크

돔 케이크 샌드하기

자른 케이크 시트 사이사이에 선택한 크림을 균일하게 펴 바르는 작업을 말한다.

① 원형 케이크 시트의 각진 모서리 부분을 가위로 잘라 둥근 모서리로 만든다. 그리고 난 후 이때 발생하는 부스러기를 깨끗하게 털어낸다.
② 맨 밑 시트부터 사이에 들어갈 크림을 균일한 두께로 펴 바른다.
③ 그 다음 시트를 그 위에 얹고 사이에 들어갈 크림을 균일한 두께로 펴 바른다.

돔 케이크 아이싱하기

샌드한 케이크 시트 윗면과 옆면에 크림을 균일하게 펴 바르는 작업을 말한다.

> **1. 윗면 아이싱**

케이크 시트 윗면에 주걱으로 크림을 얹는다.	스패츄라를 좌우로 움직이면서 크림을 펴 바른다.	스패츄라를 윗면 정 가운데에 가볍게 고정한 후 스패츄라의 한쪽 날은 들고 다른 한쪽 날은 크림에 밀착시킨다. 이때 스패츄라의 날은 수평을 유지하는 것이 매우 중요하다.	위와 같은 자세를 유지하면서 동시에 돌림판을 세게 돌려 윗면의 크림을 매끄럽게 정리한다.

2. 옆면 아이싱

케이크 시트 옆면에 스패츄라로 크림을 붙인다.

스패츄라를 수직으로 세운 후 좌우로 움직여가며 케이크 옆면을 크림으로 다 덮을 때까지 크림을 펴 바른다.

스패츄라의 끝을 돌림판에 가볍게 고정한 후 스패츄라의 한쪽 날은 들고 다른 한쪽 날은 크림에 밀착시킨다.

위의 자세를 유지하면서 동시에 돌림판을 세게 돌려 옆면의 크림을 매끄럽게 정리한다.

3. 둥근 모서리 만들기

돔용 플라스틱 카드를 반원으로 휜 다음 크림을 바른 시트 모서리에 수평을 유지하면서 카드의 한쪽 날을 크림에 밀착시킨다.

카드를 크림에 밀착시킨 상태에서 돌림판을 돌려가며 둥근 모서리가 되도록 크림을 깎아준다.

스패츄라를 사용하여 위로 올라온 크림을 제거하면서 모서리를 수평이 되도록 만든다.

©gourmond

©gourmond

시퐁 케이크

시퐁 케이크 샌드하기

자른 케이크 시트 사이사이에 선택한 크림을 균일하게 펴 바르는 작업을 말한다.

① 케이크 시트의 부스러기를 털어낸다.
② 맨 밑 시트부터 사이에 들어갈 크림을 균일한 두께로 펴 바르거나 혹은 짤주머니에 물결무늬 모양깍지를 끼우고 크림을 담아 균일한 두께로 짤 수도 있다.
③ 그 다음 시트를 그 위에 얹고 사이에 들어갈 크림을 균일한 두께로 펴 바르거나 혹은 짤주머니로 짠다.

시퐁 케이크 아이싱하기

샌드한 케이크 시트 윗면과 옆면에 크림을 균일하게 펴 바르는 작업을 말한다.

1. 윗면 아이싱

케이크 시트 윗면에 짤주머니로 크림을 짜서 얹거나 혹은 주걱으로 크림을 얹는다.

스패츄라를 좌우로 움직이면서 크림을 펴 바른다.

스패츄라를 윗면 가운데에 가볍게 고정한 후 스패츄라의 한쪽 날은 들고 다른 한쪽 날은 크림에 밀착시킨다. 이때 스패츄라의 날은 수평을 유지하는 것이 매우 중요하다.

위와 같은 자세를 유지하면서 동시에 돌림판을 세게 돌려 윗면의 크림을 매끄럽게 정리한다.

029

2. 가운데 원형의 관 아이싱

스패츄라를 사용하여 가운데 원형의 관에 크림을 바른다. 스패츄라를 좌우로 움직이면서 크림을 펴 바른다.

스패츄라의 끝을 돌림판에 가볍게 고정한 후 스패츄라의 한쪽 날은 들고 다른 한쪽 날은 크림에 밀착시킨다. 이때 수직으로 세운 스패츄라의 날을 일직선으로 유지하는 것이 매우 중요하다. 위와 같은 자세를 유지하면서 동시에 돌림판을 세게 돌려 가운데 원형관의 크림을 매끄럽게 정리한다. 그리고 난 후 위로 올라온 크림을 제거하면서 모서리를 세운다.

수평을 유지하면서 위로 올라온 크림을 깎아준다. 이때 원형관의 가운데에서 밖으로 움직이면서 크림을 깎아준다. 위의 동작을 돌림판을 돌려가며 반복하면서 시폰 케이크 시트의 가운데 원에 직각의 모서리를 세운다.

3. 옆면 아이싱

케이크 시트 옆면에 스패츄라로 크림을 붙인다.

스패츄라를 수직으로 세운 후 좌우로 움직여가며 크림을 펴 바른다.

케이크 옆면을 크림으로 다 덮을 때까지 반복한다.

스패츄라의 끝을 돌림판에 가볍게 고정한 후 스패츄라의 한쪽 날은 들고 다른 한쪽 날은 크림에 밀착시킨다. 이때 수직으로 세운 스패츄라의 날을 일직선으로 유지하는 것이 매우 중요하다.

위와 같은 자세를 유지하면서 동시에 돌림판을 세게 돌려 옆면의 크림을 매끄럽게 정리한다.

◁ 3. 모서리 세우기 ▷

스패츄라를 수평으로 유지한 후 스패츄라의 한쪽 날은 들고 다른 한쪽 날은 크림에 밀착시킨다.	수평을 유지하면서 위로 올라온 크림을 깎아준다. 이때 시퐁 케이크 시트 밖에서 안쪽으로 움직이면서 크림을 깎아준다.	위의 동작을 돌림판을 돌려가며 반복하면서 시퐁 케이크 시트의 가장자리 원에 직각의 모서리를 세운다.

삼각톱날로 장식하기

▲ 삼각톱날로 무늬 그리기

옆면 아이싱을 한다.

삼각톱날을 이용하여 옆면에 무늬를
그린다.

위로 올라온 여분의 크림을 스패츄라
로 제거한다.

여분의 크림을 제거하면서 윗면을 매
끄럽게 만든다.

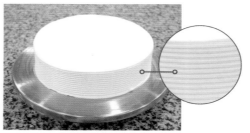

각이 진 모서리와 매끄러운 윗면 상태
그리고 선명한 톱날 무늬를 확인할 수
있다.

©LJY

스패츄라로 줄 넣기

🔸 돔형 케이크에 줄 넣기

스패츄라를 수직으로 세운다.

스패츄라 끝자락의 바깥 부분을 크림에 아주 가볍게 붙인다.

돌림판을 돌리면서 맞닿은 부분이 떨어지지 않도록 유지한다.

여분의 크림을 제거하면서 윗면을 매끄럽게 만든다.

그러면서 서서히 스패츄라를 위로 이동시키면서 줄을 넣는다.

🔸 원형 케이크에 줄 넣기

스패츄라를 수평으로 세운다.

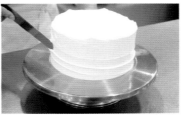

스패츄라 끝자락 부분을 크림에 아주 가볍게 붙인다.

돌림판을 돌리면서 맞닿은 부분이 떨어지지 않도록 유지한다.

그러면서 서서히 스패츄라를 위로 이동시키면서 줄을 넣는다.

돔형 케이크에 줄 넣는 방식으로 원형 케이크에 줄을 넣어도 좋다.

스패츄라로 크림떠서 올리기

Type 1

스패츄라로 볼에 담겨 있는 크림을 매끄럽게 정리한다.

크림을 적당히 떠올려 가운데 홈에 생기도록 케이크 윗면에 얹는다.

홈이 생기도록 스패츄라의 끝자락으로 가볍게 누르면서 붙인다.

케이크에 얹은 크림들의 크기와 모양이 균형과 대칭에 맞도록 하나하나 놓는다.

Type 1 완성

Type 2

스패츄라로 볼에 담겨 있는 크림을 매끄럽게 정리한다.

크림을 적당히 떠올려 케이크의 안쪽으로 홈에 생기도록 케이크 윗면에 얹는다.

홈이 생기도록 스패츄라의 한쪽 날을 세운 후 가볍게 누르면서 붙인다.

케이크에 얹은 크림들의 크기와 모양이 균형과 대칭에 맞도록 하나하나 놓는다.

Type 2 완성

🍮 Type 3

스패츄라로 볼에 담겨 있는 크림을 매끄럽게 정리한다.

크림을 적당히 떠올려 케이크와 수평이 되는 방향인 옆쪽으로 홈에 생기도록 얹는다.

홈이 생기도록 스패츄라의 한쪽 날을 세운 후 가볍게 누르면서 붙인다.

케이크에 얹은 크림들의 크기와 모양이 균형과 대칭에 맞도록 하나하나 놓는다.

Type 3 완성

Part 2

· 파이핑 테크닉 구성요소 ·

파이핑 테크닉을 마스터 할 수 있으려면 먼저 파이핑 테크닉을 구성하는 4가지 요소를 개별적으로 나누어 이해하고 그 기술을 습득한다. 그런 다음에 이 4가지 요소를 통합하여 파이핑 테크닉을 구사할 수 있도록 한다. 4가지 요소는 크림의 되기, 깍지의 기울기와 방향, 압력의 변화, 움직임의 형태이다.

크림의 되기

일반적으로 파이핑 테크닉에 사용할 수 있는 크림의 종류에는 생크림, 버터크림, 가나슈 크림, 앙금 크림, 머랭 아이싱, 로열 아이싱 등이 있다. 이 중에서 생크림, 버터크림, 머랭 아이싱, 로열 아이싱 등의 되기 조절은 보통 크림에 공기를 혼입시키는 크림밍의 정도에 따라 조절한다. 예를 들어 위에서 언급한 크림에 크림밍을 적게 시키면 묽은 크림이 되고 크림밍을 적당히 시키면 중간 크림이 되며 크림밍을 많이 시키면 된 크림이 된다.

 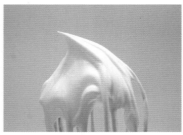 

| 크림밍이 적은 묽은 크림의 상태 | 크림밍이 적당한 중간 크림의 상태 | 크림밍이 많은 된 크림의 상태 |

보편적으로 많이 사용하는 크림밍 방법 이외의 되기 조절방식은 크림의 종류에 따라 다음과 같다. 예를 들어 생크림에는 같은 종류의 생크림을 소량 추가하여 되기를 조절한다. 버터크림은 상태에 따라 열을 가하거나 식용유를 소량 첨가하여 되기를 조절한다. 가나슈 크림은 상태에 따라 열을 가하여 되기를 조절한다. 앙금 크림은 버터를 추가하여 되기를 조절한다. 머랭 아이싱은 분당을 소량 추가하여 되기를 조절한다. 그리고 마지막으로 로열 아이싱은 물엿으로 되기를 조절할 수 있다.

종류	조절 방식	종류	조절 방식
생크림	생크림 추가	앙금 크림	버터 추가
버터크림	가열 또는 식용유 첨가	머랭 아이싱	분당 추가
가나슈 크림	가열	로열 아이싱	물엿 추가

크림의 되기에 따라 구사할 수 있는 파이핑 테크닉이 다르다. 그래서 데코레이터가 표현하고자 하는 파이핑 테크닉에 적합한 크림의 되기를 알고 있어야 구상하는 디자인에 맞는 파이핑 테크닉을 실행할 수 있다.

● 묽은 크림을 사용하는 경우

● 중간 크림을 사용하는 경우

● 된 크림을 사용하는 경우

깍지의 기울기와 방향

크림을 짜고자 하는 케이크 시트에 모양깍지의 기울기를 몇 도로 설정하느냐에 따라 파이핑 결과물에 나타나는 입체감이 결정된다. 그리고 짤주머니에 담은 크림이 나오는 출구의 방향은 파이핑을 하고자 하는 케이크 시트 표면의 위치와 왼손잡이인지 혹은 오른손잡이인지에 따라 달라진다. 이렇게 모양깍지의 기울기 (Angle)와 방향(Direction)에 따라 파이핑 한 크림의 모양과 입체감이 달라지므로 이를 조절할 수 있도록 경험을 축적해야 한다.
모양깍지의 기울기와 방향에 따른 파이핑 테크닉을 분류하면 다음과 같다.

40도 각도에서 짜는 경우

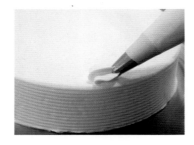 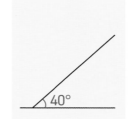

많은 파이핑 데코레이션 테크닉을 분석해 보면 케이크의 표면을 기준으로 모양깍지 입구의 기울기가 40도 각도가 되도록 유지하면서 짠다. 그러므로 40도 각도가 몸에 체득되어 자연스럽게 표현될 수 있도록 반복적인 연습을 해야만 한다.

90도 각도에서 짜는 경우

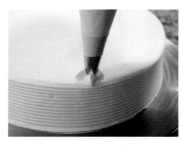 

다양한 문양의 패턴을 짜는 경우 일반적으로 케이크의 표면을 기준으로 모양깍지 입구의 기울기가 90도 각도가 되도록 유지하면서 짠다. 그러므로 90도 각도가 몸에 체득되어 자연스럽게 표현될 수 있도록 반복적인 연습을 해야만 한다.

모양깍지가 9시 방향을 향하는 경우(오른손잡이의 경우)

파이핑 데코레이션 테크닉을 케이크 시트 표면에 표현하고자 할 때 짜고자 하는 위치가 케이크의 표면을 기준으로 모양깍지 입구의 방향이 9시 방향인 경우는 활용하는 손이 오른손인 경우이다. 그러므로 자신에게 편한 오른손을 활용하여 파이핑 데코레이션 테크닉이 자연스럽게 표현될 있도록 반복적인 연습을 해야만 한다.

모양깍지가 3시 방향을 향하는 경우(왼손잡이의 경우)

 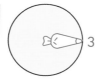

파이핑 데코레이션 테크닉을 케이크 시트 표면에 표현하고자 할 때 짜고자 하는 위치가 케이크의 표면을 기준으로 모양깍지 입구의 방향이 3시 방향인 경우는 활용하는 손이 왼손인 경우이다. 그러므로 자신에게 편한 왼손을 활용하여 파이핑 데코레이션 테크닉이 자연스럽게 표현될 있도록 반복적인 연습을 해야만 한다.

모양깍지가 12시 방향을 향하는 경우

파이핑 데코레이션 테크닉을 케이크 시트 표면에 표현하고자 할 때 짜고자 하는 위치가 케이크의 표면을 기준으로 모양깍지 입구의 방향이 12시 방향인 경우는 파이핑을 수직으로 짜고자 하는 경우이다. 이런 경우에는 왼손잡이 혹은 오른손잡이 모두 해당된다. 그러므로 자신에게 편한 손을 활용하여 파이핑 데코레이션 테크닉이 자연스럽게 표현될 수 있도록 반복적인 연습을 해야만 한다.

모양깍지가 0시 방향을 향하는 경우

케이크의 표면을 기준으로 모양깍지 입구의 방향이 0시 방향이 되도록 한다. 파이핑 데코레이션 테크닉을 케이크 시트 표면에 표현하고자 할 때 짜고자 하는 위치가 케이크의 표면을 기준으로 모양깍지 입구의 방향이 0시 방향인 경우는 파이핑을 직각으로 짜고자 하는 경우이다. 이런 경우에는 왼손잡이 혹은 오른손잡이 모두 해당된다. 그러므로 자신에게 편한 손을 활용하여 파이핑 데코레이션 테크닉이 자연스럽게 표현될 있도록 반복적인 연습을 해야만 한다.

압력의 변화

크림의 적절한 되기, 정확하고 일관된 짤주머니의 위치와 방향 외에도 여러분은 강한 압력, 중간 압력, 약한 압력의 세 가지 유형의 압력을 제어할 수 있어야 한다. 파이핑 테크닉으로 표현하는 디자인 형태의 크기와 일관성은 짤주머니에 가하는 압력의 양과 그 압력의 안정성에 의해 영향을 받는다. 즉 짤주머니를 꽉 쥐는 방법과 힘을 빼는 방법으로 모양깍지를 통해 나오는 크림을 적절하게 조절할 수 있어야 한다.

강한 압력으로 짜는 경우
짤주머니를 꽉 쥐는 방법과 힘을 빼는 방법으로 모양깍지를 통해 나오는 크림의 두께를 깍지의 직경보다 두껍게 조절할 수 있음

중간 압력으로 짜는 경우
짤주머니를 꽉 쥐는 방법과 힘을 빼는 방법으로 모양깍지를 통해 나오는 크림의 두께를 깍지의 직경만큼 조절할 수 있음

약한 압력으로 짜는 경우
짤주머니를 꽉 쥐는 방법과 힘을 빼는 방법으로 모양깍지를 통해 나오는 크림의 두께를 깍지의 직경보다 가늘게 조절할 수 있음

압력의 변화를 주면서 짜는 경우
짤주머니를 꽉 쥐는 방법과 힘을 빼는 방법으로 모양깍지를 통해 나오는 크림의 두께를 다양하고 자유롭게 조절할 수 있음

움직임의 형태

크림의 되기, 짤주머니의 위치와 방향 그리고 짤주머니에 가하는 압력을 제어하여 모양깍지를 통해 나오는 크림으로 자유롭고 다양한 파이핑 테크닉 디자인을 표현할 수 있도록 많은 연습을 해야 한다.

일직선으로 짜는 형태

크림의 되기, 짤주머니의 위치와 방향 그리고 짤주머니에 가하는 압력을 제어하여 모양깍지를 통해 나오는 크림으로 일직선 형태의 파이핑 테크닉 디자인을 표현할 수 있음

원으로 짜는 형태

크림의 되기, 짤주머니의 위치와 방향 그리고 짤주머니에 가하는 압력을 제어하여 모양깍지를 통해 나오는 크림으로 원 형태의 파이핑 테크닉 디자인을 표현할 수 있음

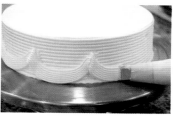

반원으로 짜는 형태

크림의 되기, 짤주머니의 위치와 방향 그리고 짤주머니에 가하는 압력을 제어하여 모양깍지를 통해 나오는 크림으로 반원 형태의 파이핑 테크닉 디자인을 표현할 수 있음

S자로 짜는 형태

크림의 되기, 짤주머니의 위치와 방향 그리고 짤주머니에 가하는 압력을 제어하여 모양깍지를 통해 나오는 크림으로 S자 형태의 파이핑 테크닉 디자인을 표현할 수 있음

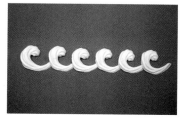

C자로 짜는 형태

크림의 되기, 짤주머니의 위치와 방향 그리고 짤주머니에 가하는 압력을 제어하여 모양깍지를 통해 나오는 크림으로 C자 형태의 파이핑 테크닉 디자인을 표현할 수 있음

패턴으로 짜는 형태

크림의 되기, 짤주머니의 위치와 방향 그리고 짤주머니에 가하는 압력을 제어하여 모양깍지를 통해 나오는 크림으로 패턴의 형태로 파이핑 테크닉 디자인을 표현할 수 있음

◉ piping motion을 분석하면 알파벳에서 유래한 것이 많음

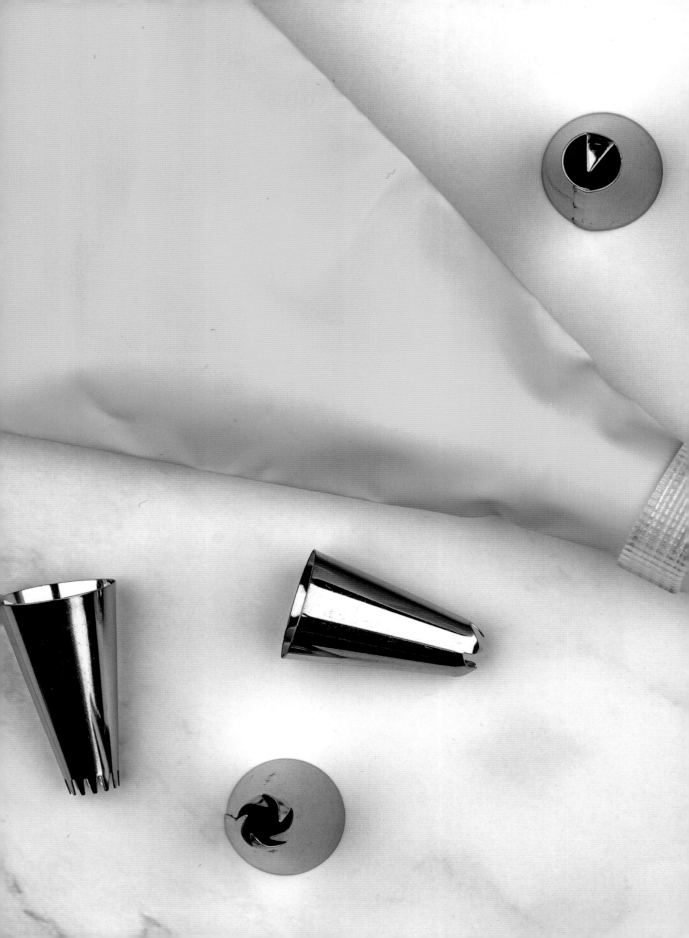

Part 3

· 다양한 모양깍지 활용법 ·

별 깍지의 활용법

일직선 짜기

- **크림의 되기** 중간상태
- **모양깍지의 기울기와 방향** 40~45도, 9시 방향 유지
- **압력의 변화** 압력과 속도를 일정하게 유지
- **움직임의 형태** 일직선

별문양 짜기

- **크림의 되기** 중간상태
- **모양깍지의 기울기와 방향** 90도, 0시 방향 유지
- **압력의 변화** 처음에는 압력을 강하게 주다가 힘을 완전히 빼고 들어 올림
- **움직임의 형태** 수직

◎ 움직임에 변화를 주어 다양한 별문양을 만들 수 있다.

Institute JR
Baking School

047

조개 짜기
다양한 문양 짜기

Institute JR
Baking School

장미문양 짜기
반원 짜기
부피감 있는
지그재그 짜기

조개 짜기 🐚

- **크림의 되기** 중간상태
- **모양깍지의 기울기와 방향** 40~45도, 오른손잡이는 9시, 왼손잡이는 3시 방향 유지
- **압력의 변화** 처음에는 압력을 강하게 주다가 힘을 완전히 빼고 뒤로 잡아당김
- **움직임의 형태** 일직선

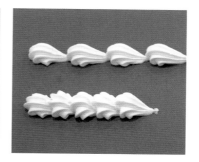

장미문양 짜기 🌀

- **크림의 되기** 중간상태
- **모양깍지의 기울기와 방향** 90도, 0시 방향 유지
- **압력의 변화** 처음에는 압력을 강하게 주다가 서서히 힘을 완전히 뺌
- **움직임의 형태** 원

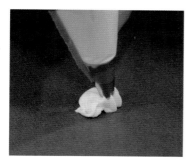

🌸 백합문양 짜기

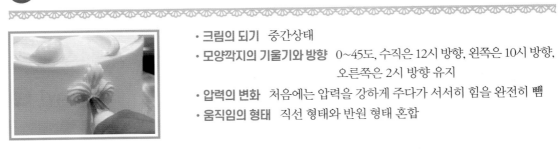

- **크림의 되기** 중간상태
- **모양깍지의 기울기와 방향** 0~45도, 수직은 12시 방향, 왼쪽은 10시 방향, 오른쪽은 2시 방향 유지
- **압력의 변화** 처음에는 압력을 강하게 주다가 서서히 힘을 완전히 뺌
- **움직임의 형태** 직선 형태와 반원 형태 혼합

🌀 로프 짜기

- **크림의 되기** 중간상태
- **모양깍지의 기울기와 방향** 40~45도, 9시 방향 유지
- **압력의 변화** 압력은 서서히 강하게 주다가 서서히 힘을 완전히 뺌
- **움직임의 형태** 누운 S자

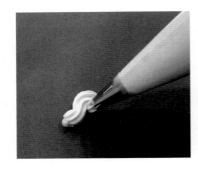

- **크림의 되기** 중간상태
- **모양깍지의 기울기와 방향** 40~45도, 오른손잡이 9시, 왼손잡이 3시 방향 유지
- **압력의 변화** 압력과 속도를 일정하게 유지
- **움직임의 형태** 지그재그 형태

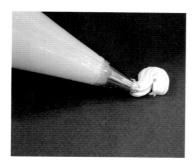 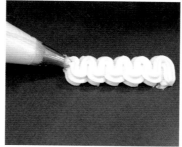 

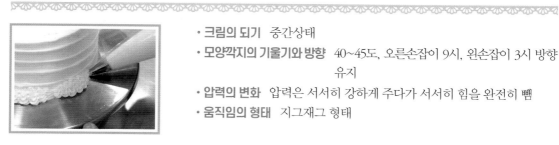

- **크림의 되기** 중간상태
- **모양깍지의 기울기와 방향** 40~45도, 오른손잡이 9시, 왼손잡이 3시 방향 유지
- **압력의 변화** 압력은 서서히 강하게 주다가 서서히 힘을 완전히 뺌
- **움직임의 형태** 지그재그 형태

가장자리 왕관문양 짜기

· **크림의 되기** 중간상태
· **모양깍지의 기울기와 방향** 40~45도, 12시 방향 유지
· **압력의 변화** 조개 짜기와 별문양 짜기의 압력변화를 참고
· **움직임의 형태** 조개의 일직선 형태와 별문양의 수직 형태를 혼합

 ## 당초문양 짜기

· **크림의 되기** 중간상태
· **모양깍지의 기울기와 방향** 90도, 0시 방향 유지
· **압력의 변화** 처음에는 압력을 강하게 주다가 서서히 힘을 완전히 **뺌**
· **움직임의 형태** 당초문양의 디자인을 백지에서 연필로 충분히 연습하
　　　　　　　여 움직임의 형태를 파악한 후 파이핑을 연습할 것

 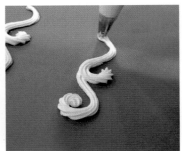 

· **크림의 되기** 중간상태
· **모양깍지의 기울기와 방향** 90도, 0시 방향 유지
· **압력의 변화** 처음에는 압력을 강하게 주다가 서서히 힘을 완전히 뺌
· **움직임의 형태** 당초문양의 디자인을 백지에서 연필로 충분히 연습하
   여 움직임의 형태를 파악한 후 파이핑을 연습할 것

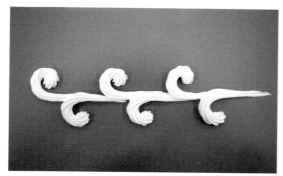

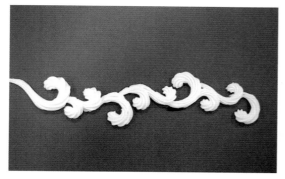

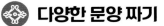 **다양한 문양 짜기**

- **크림의 되기** 중간상태
- **모양깍지의 기울기와 방향** 책에 제시된 다양한 문양의 형태를 보면서 모양깍지의 기울기와 방향을 예측하여 깍지의 위치를 파악할 수 있음, 만약 파악할 수 없다면 책의 앞장에서 좀 더 연습할 것
- **압력의 변화** 책에 제시된 다양한 문양의 형태를 보면서 짤주머니를 쥐어짜는 과정을 예측할 수 있음, 만약 예측할 수 없다면 책의 앞장에서 좀 더 연습할 것
- **움직임의 형태** 책에 제시된 다양한 문양의 디자인을 백지에서 연필로 충분히 연습하여 움직임의 형태를 파악한 후 파이핑을 연습할 것

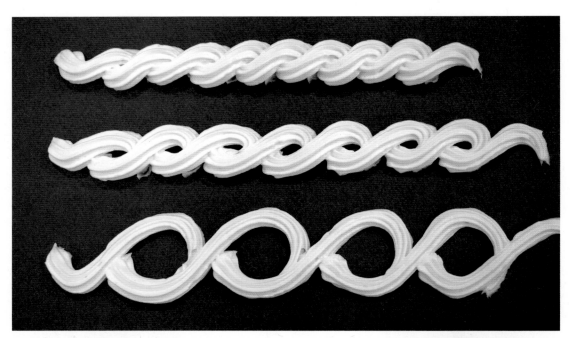

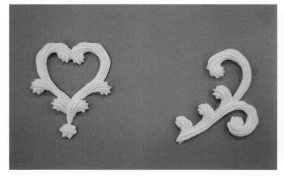

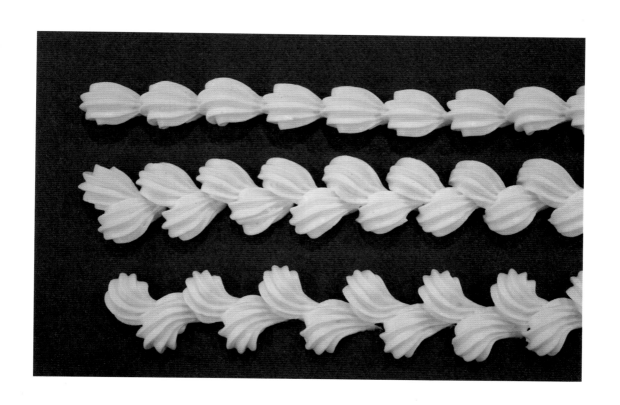

©KCY

다양한 문양 짜기
조개 짜기

물결무늬 깍지의 활용법

일직선 짜기

- **크림의 되기** 중간상태
- **모양깍지의 기울기와 방향** 40~45도, 오른손잡이 9시, 왼손잡이 3시 방향 유지
- **압력의 변화** 압력과 속도를 일정하게 유지
- **움직임의 형태** 일직선

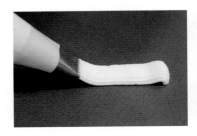 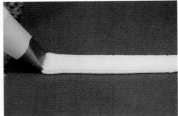 

조개 짜기

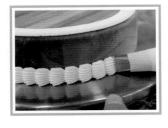

- **크림의 되기** 중간상태
- **모양깍지의 기울기와 방향** 40~45도, 오른손잡이 9시, 왼손잡이 3시 방향 유지
- **압력의 변화** 처음에는 압력을 강하게 주다가 힘을 완전히 빼고 뒤로 잡아당김
- **움직임의 형태** 일직선

- **크림의 되기** 중간상태
- **모양깍지의 기울기와 방향** 40~45도, 9시 방향 유지
- **압력의 변화** 서서히 강하게 주다가 서서히 힘을 완전히 뺌
- **움직임의 형태** 누운 S자

  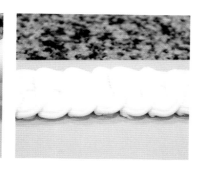

- **크림의 되기** 중간상태
- **모양깍지의 기울기와 방향** 40~45도, 9시 방향 유지
- **압력의 변화** 서서히 강하게 주다가 서서히 힘을 완전히 뺌
- **움직임의 형태** 누운 S자의 형태에 변화를 주어 다양한 로프 짜기를 할
  수 있음

 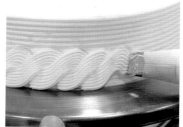 

🌀 지그재그 짜기

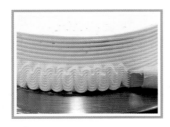

- **크림의 되기** 중간상태
- **모양깍지의 기울기와 방향** 40~45도, 오른손잡이 9시, 왼손잡이 3시 방향 유지
- **압력의 변화** 압력과 속도를 일정하게 유지
- **움직임의 형태** 지그재그

  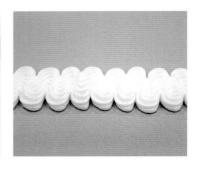

🌊 반원 짜기

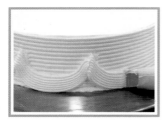

- **크림의 되기** 중간상태
- **모양깍지의 기울기와 방향** 40~45도, 9시 방향 유지
- **압력의 변화** 압력과 속도를 일정하게 유지
- **움직임의 형태** 반원

 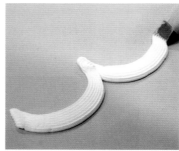 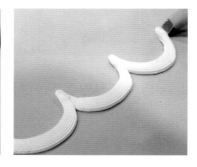

- **크림의 되기** 중간상태
- **모양깍지의 기울기와 방향** 40~45도, 9시 방향 유지
- **압력의 변화** 압력과 속도를 일정하게 유지
- **움직임의 형태** 지그재그로 움직이면서 반원을 그림

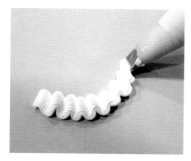

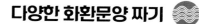

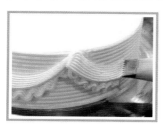

- **크림의 되기** 중간상태
- **모양깍지의 기울기와 방향** 40~45도, 9시 방향 유지
- **압력의 변화** 압력과 속도를 일정하게 유지
- **움직임의 형태** 지그재그로 움직이면서 반원을 그리고 그 위에 겹쳐서
  반원을 짬

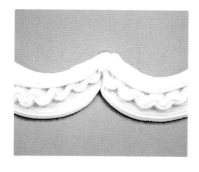

🌀 당초문양 짜기

- **크림의 되기** 중간상태
- **모양깍지의 기울기와 방향** 50도, 9시 방향 유지
- **압력의 변화** 처음에는 압력을 강하게 주다가 서서히 힘을 완전히 뺌
- **움직임의 형태** 물결무늬 깍지의 특성상 별 깍지처럼 당초문양의 앞부분을 원으로 완벽하게 표현하기는 힘드므로 약간만 휘도록 표현

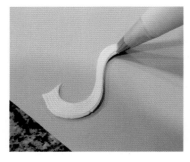  

🔳 바구니문양 짜기

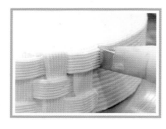

- **크림의 되기** 중간상태
- **모양깍지의 기울기와 방향** 40~45도, 오른손잡이 9시, 왼손잡이 3시 방향 유지
- **압력의 변화** 압력과 속도를 일정하게 유지
- **움직임의 형태** 일직선과 수직선을 교차하여 바구니 문양 표현

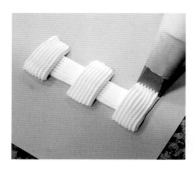  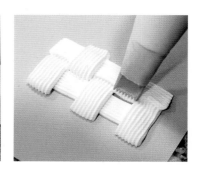

다양한
화환문양 파기
조개 파기
별 파기 응용
리본 파기

선 짜기
구슬 짜기
장미 짜기
반원 짜기

별 짜기 응용

원형 깍지의 활용법

- **크림의 되기** 중간상태
- **모양깍지의 기울기와 방향** 40~45도, 9시 방향 유지
- **압력의 변화** 압력과 속도를 일정하게 유지
- **움직임의 형태** 일직선

구슬 짜기

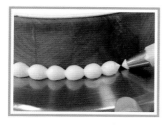

- **크림의 되기** 중간상태
- **모양깍지의 기울기와 방향** 40~45도, 오른손잡이 9시, 왼손잡이 3시 방향
  유지
- **압력의 변화** 처음에는 압력을 강하게 주다가 힘을 완전히 빼고 뒤로 잡
  아당김
- **움직임의 형태** 일직선

 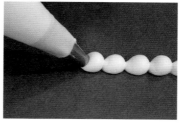 

로프 짜기

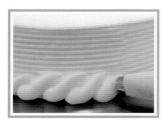

- **크림의 되기** 중간상태
- **모양깍지의 기울기와 방향** 40~45도, 9시 방향 유지
- **압력의 변화** 압력은 서서히 강하게 주다가 서서히 힘을 완전히 뺌
- **움직임의 형태** 누운 S자

  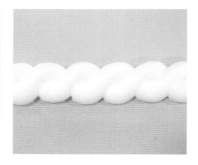

 # 다양한 로프 짜기

- **크림의 되기** 중간상태
- **모양깍지의 기울기와 방향** 40~45도, 9시 방향 유지
- **압력의 변화** 압력은 서서히 강하게 주다가 서서히 힘을 완전히 뺌
- **움직임의 형태** 누운 S자의 형태에 변화를 주어 다양한 로프 짜기를 할 수 있음

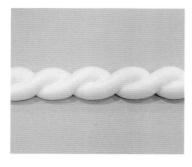 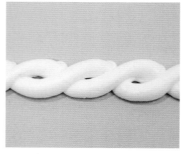 

드롭 스트링 짜기

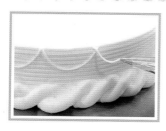

- **크림의 되기** 묽은 상태
- **모양깍지의 기울기와 방향** 40~45도, 9시 방향 유지
- **압력의 변화** 압력과 속도를 일정하게 유지
- **움직임의 형태** 얇게 짠 선을 떨어뜨려 반원의 형태를 그림

  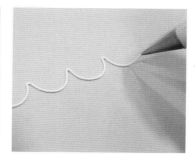

다양한 드롭 스트링 짜기

- **크림의 되기** 묽은 상태
- **모양깍지의 기울기와 방향** 40~45도, 9시 방향 유지
- **압력의 변화** 압력과 속도를 일정하게 유지
- **움직임의 형태** 얇게 짠 선을 떨어뜨려 반원의 형태를 그리고 그 위에 선을 겹쳐 다양한 변화를 줄 수 있음

 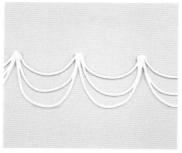 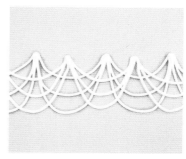

조개 파기
다양한 드롭
스트링 파기
별 파기 응용
장미 파기

Institute JR
Baking School

선 파기 응용
반원 파기 응용
조개 파기 응용
다양한 문양 파기
별 파기 응용

Institute JR

드롭 스트링 응용하여 짜기

- **크림의 되기** 묽은 상태
- **모양깍지의 기울기와 방향** 40~45도, 9시 방향 유지
- **압력의 변화** 압력과 속도를 일정하게 유지
- **움직임의 형태** 얇게 짠 선을 떨어뜨려 반원의 형태에 변화를 주거나
  혹은 그 위에 선을 겹쳐 다양한 변화를 줄 수 있음

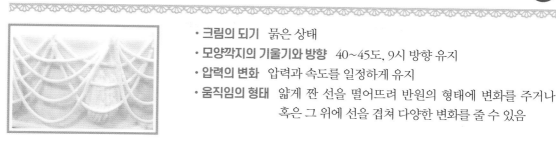

당초문양 짜기

- **크림의 되기** 중간상태
- **모양깍지의 기울기와 방향** 90도, 0시 방향 유지
- **압력의 변화** 처음에는 압력을 강하게 주다가 서서히 힘을 완전히 뺌
- **움직임의 형태** 당초문양의 디자인을 백지에서 연필로 충분히 연습하
  여 움직임의 형태를 파악한 후 파이핑을 연습할 것

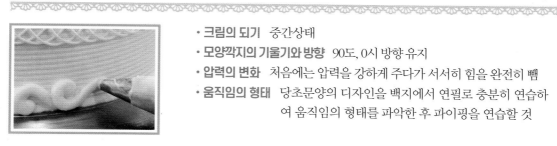

🌀 다양한 당초문양 짜기

- 크림의 되기 중간상태
- 모양깍지의 기울기와 방향 90도, 0시 방향 유지
- 압력의 변화 처음에는 압력을 강하게 주다가 서서히 힘을 완전히 **뺌**
- 움직임의 형태 당초문양의 디자인을 백지에서 연필로 충분히 연습하여 움직임의 형태를 파악한 후 파이핑을 연습할 것

패턴 짜기

- 크림의 되기 중간상태
- 모양깍지의 기울기와 방향 책에 제시된 다양한 문양의 형태를 보면서 깍지의 기울기와 방향을 예측하여 모양깍지의 위치를 파악할 것
- 압력의 변화 책에 제시된 다양한 문양의 형태를 보면서 짤주머니를 쥐어짜는 과정을 예측할 것
- 움직임의 형태 책에 제시된 다양한 문양의 디자인을 백지에서 연필로 충분히 연습하여 움직임의 형태를 파악한 후 파이핑을 연습할 것

꽃 깍지의 활용법

일직선 짜기

- **크림의 되기** 중간상태
- **모양깍지의 기울기와 방향** 40~45도, 9시 방향 유지
- **압력의 변화** 압력과 속도를 일정하게 유지
- **움직임의 형태** 일직선

 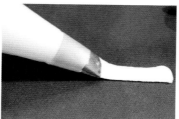 

장식용 천 문양 짜기

- **크림의 되기** 중간상태
- **모양깍지의 기울기와 방향** 40~45도, 9시 방향 유지
- **압력의 변화** 압력과 속도를 일정하게 유지
- **움직임의 형태** 반원

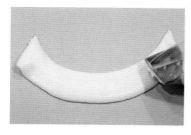 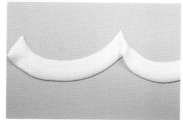 

장식용 천 문양 응용하여 짜기

- **크림의 되기** 중간상태
- **모양깍지의 기울기와 방향** 40~45도, 9시 방향 유지
- **압력의 변화** 압력과 속도를 일정하게 유지
- **움직임의 형태** 먼저 반원의 형태를 짠 후 그 위에 겹쳐서 짬

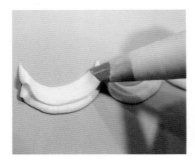 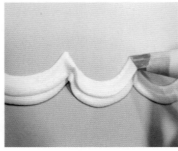 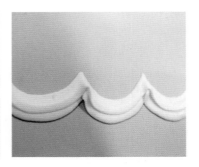

 ## 다양한 장식용 천 문양 짜기

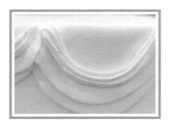

- **크림의 되기** 중간상태
- **모양깍지의 기울기와 방향** 40~45도, 9시 방향 유지
- **압력의 변화** 압력과 속도를 일정하게 유지
- **움직임의 형태** 먼저 반원의 형태를 짤 때 변화를 준 후 그 위에 겹쳐서 짬

 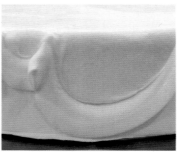 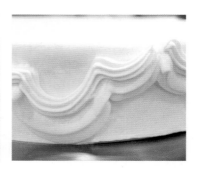

Institute JR

문양 짜기
조개 짜기, 장미 짜기
장식용 천 문양
응용해서 짜기
선 짜기 응용

조개 짜기
장식용 천 문양 짜기
부피감 있는
지그재그 짜기
주름 문양 짜기

조개 짜기 응용
문양 짜기
잎 짜기 응용

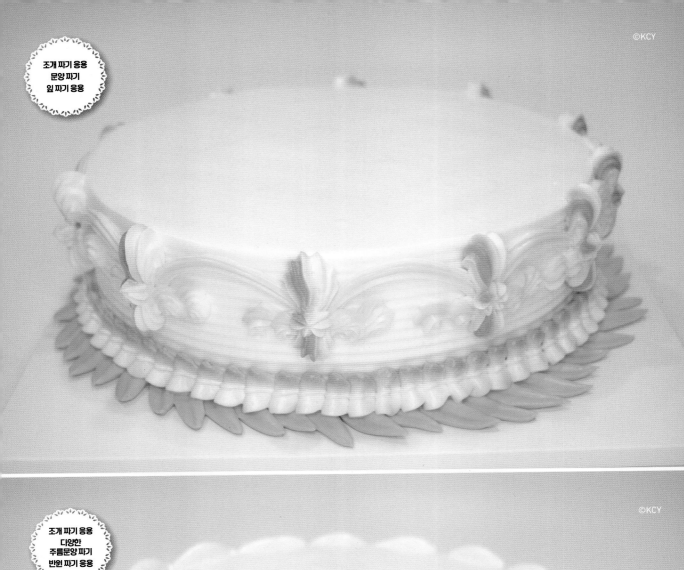

조개 짜기 응용
다양한
주름문양 짜기
반원 짜기 응용

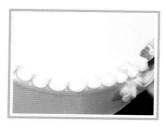

- **크림의 되기** 중간상태
- **모양깍지의 기울기와 방향** 40~45도, 9시 방향 유지
- **압력의 변화** 압력과 속도를 일정하게 유지
- **움직임의 형태** 반원을 짧게 그리면서 꽃 깍지의 특성을 이용하여 주름 문양 만들기

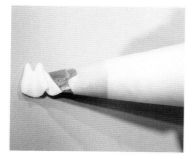 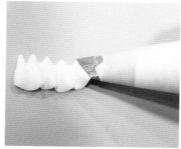 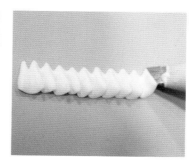

다양한 주름문양 짜기

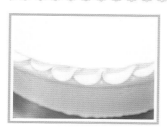

- **크림의 되기** 중간상태
- **모양깍지의 기울기와 방향** 40~45도, 9시 방향 유지
- **압력의 변화** 압력과 속도를 일정하게 유지
- **움직임의 형태** 반원을 짧게 그리면서 꽃 깍지의 특성을 이용하여 주름 문양을 만든 후 그 위에 겹쳐서 일직선으로 짬

 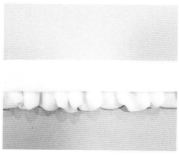 

화환문양 짜기

- 크림의 되기 중간상태
- 모양깍지의 기울기와 방향 40~45도, 9시 방향 유지
- 압력의 변화 압력과 속도를 일정하게 유지
- 움직임의 형태 반원을 짧게 그려 주름을 만들면서 큰 반원을 그림

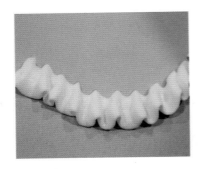 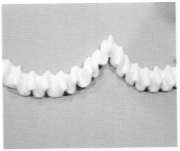 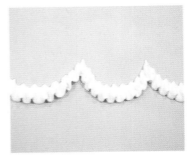

주름 화환문양 응용하여 짜기

- 크림의 되기 중간상태
- 모양깍지의 기울기와 방향 40~45도, 9시 방향 유지
- 압력의 변화 압력과 속도를 일정하게 유지
- 움직임의 형태 반원을 짧게 그려 주름을 만들면서 큰 반원을 그리고
  난 후 그 위에 겹쳐서 반원을 짬

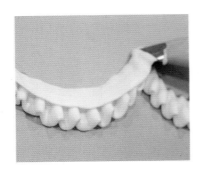 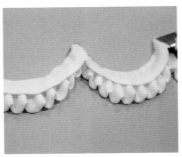 

리본 짜기 🎀

- **크림의 되기** 중간상태
- **모양깍지의 기울기와 방향** 90도, 0시 방향 유지
- **압력의 변화** 압력과 속도를 일정하게 유지
- **움직임의 형태** 리본

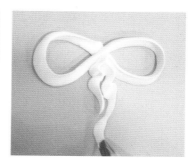

패턴 짜기 🎀

- **크림의 되기** 중간상태
- **모양깍지의 기울기와 방향** 책에 제시된 다양한 문양의 형태를 보면서 깍지의 기울기와 방향을 예측하여 모양깍지의 위치를 파악할 것
- **압력의 변화** 책에 제시된 다양한 문양의 형태를 보면서 짤주머니를 쥐어짜는 과정을 예측할 것
- **움직임의 형태** 책에 제시된 다양한 문양의 디자인을 백지에서 연필로 충분히 연습하여 움직임의 형태를 파악한 후 파이핑을 연습하면 쉽게 익힐 수 있음

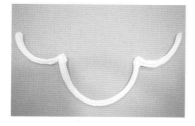
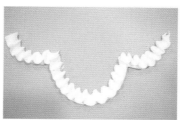

잎 깍지의 활용법

일직선 짜기

- 크림의 되기   중간상태
- 모양깍지의 기울기와 방향   40~45도, 9시 방향 유지
- 압력의 변화   압력과 속도를 일정하게 유지
- 움직임의 형태   일직선

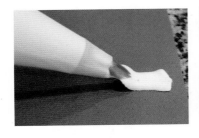 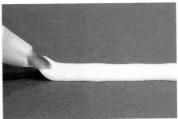 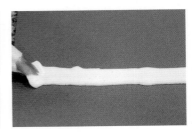

장식용 천 문양 짜기

- 크림의 되기   중간상태
- 모양깍지의 기울기와 방향   40~45도, 9시 방향 유지
- 압력의 변화   압력과 속도를 일정하게 유지
- 움직임의 형태   반원

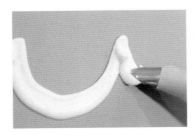  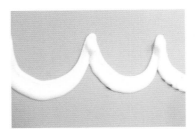

장식용 천 문양 응용하여 짜기

- **크림의 되기** 중간상태
- **모양깍지의 기울기와 방향** 40~45도, 9시 방향 유지
- **압력의 변화** 압력과 속도를 일정하게 유지
- **움직임의 형태** 먼저 반원의 형태를 짠 후 그 위에 겹쳐서 짜는 데 압력을 속도보다 강하게 하면 의도적인 주름을 만들 수 있음

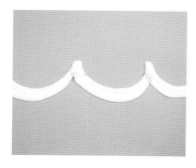
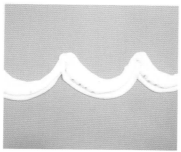
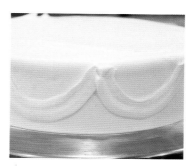

다양한 장식용 천 문양 짜기

- **크림의 되기** 중간상태
- **모양깍지의 기울기와 방향** 40~45도, 9시 방향 유지
- **압력의 변화** 압력과 속도를 일정하게 유지
- **움직임의 형태** 먼저 반원의 형태를 짤 때 변화를 준 후 그 위에 다양한 깍지를 이용하여 겹쳐서 짬

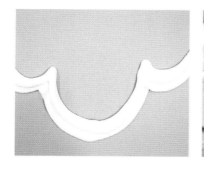

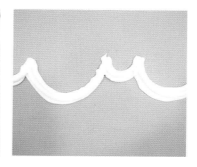

🏵 주름문양 짜기

- **크림의 되기** 중간상태
- **모양깍지의 기울기와 방향** 40~45도, 9시 방향 유지
- **압력의 변화** 압력을 속도보다 강하게 유지
- **움직임의 형태** 일직선

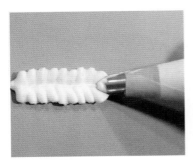 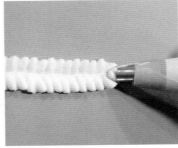 

🏵 다양한 주름문양 짜기

- **크림의 되기** 중간상태
- **모양깍지의 기울기와 방향** 40~45도, 9시 방향 유지
- **압력의 변화** 먼저 압력을 속도보다 강하게 유지하여 주름을 만든 후 압력과 속도를 일정하게 유지할 것
- **움직임의 형태** 일직선으로 짬

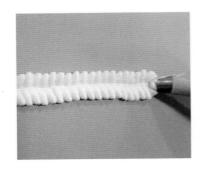 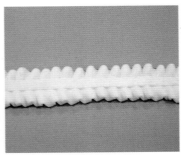 

주름문양 짜기

다양한
주름문양 짜기
선 짜기
잎 짜기

🌊 화환문양 짜기

· **크림의 되기** 중간상태
· **모양깍지의 기울기와 방향** 40~45도, 9시 방향 유지
· **압력의 변화** 압력을 속도보다 강하게 유지
· **움직임의 형태** 반원

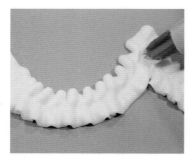 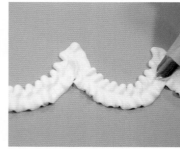 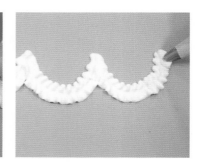

🌊 주름 화환문양 짜기

· **크림의 되기** 중간상태
· **모양깍지의 기울기와 방향** 40~45도, 9시 방향 유지
· **압력의 변화** 압력과 속도를 일정하게 유지
· **움직임의 형태** 반원을 짧게 그려 주름을 선명하게 만들면서 큰 반원을
그림

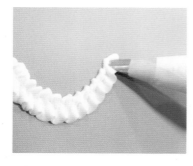  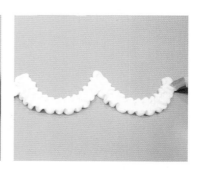

- **크림의 되기** 중간상태
- **모양깍지의 기울기와 방향** 40~45도, 9시 방향 유지
- **압력의 변화** 압력과 속도를 일정하게 유지
- **움직임의 형태** 반원을 짧게 그려 주름을 선명하게 만들면서 큰 반원을 그리고 난 후 그 위에 다양한 깍지를
  사용하여 겹쳐서 반원을 짬

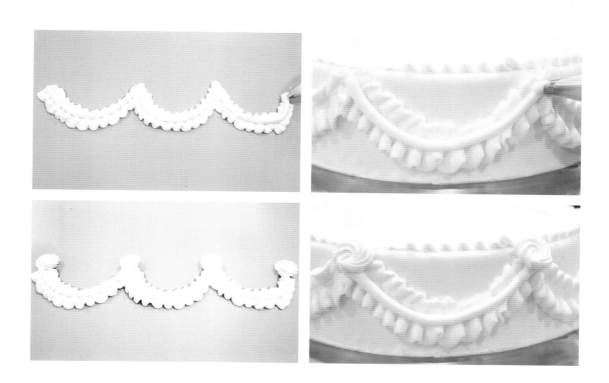

다양한 깍지의 활용법

시폰 깍지 활용하기

별 깍지의 조개 짜기 응용 (49p)

별 깍지의 조개 짜기를 약간 기울임

별 깍지의 조개 짜기를 사선으로 엇갈림

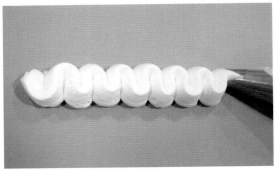

별 깍지의 균일한 지그재그 짜기 응용 (51p)

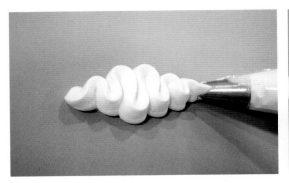

별 깍지의 부피감 있는 지그재그 짜기 응용 (51p)

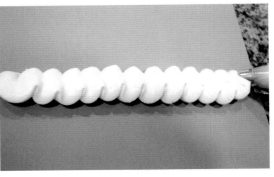

꽃 깍지의 주름문양 짜기 응용 (73p)

©gourmond

시폰 깍지
활용하기

상투 깍지 활용하기

별 깍지의 일직선 짜기 응용 (46p)

별 깍지의 조개 짜기 응용 (49p)

별 깍지의 조개 짜기를 응용하여 꽃 짜기

별 깍지의 별문양 짜기 응용 (46p)

큰 원형 깍지 활용하기

별 깍지의 별문양 짜기 응용 (46p)

원형 깍지의 구슬 짜기 응용 (63p)

상투 깍지
활용하기

큰 원형 깍지
활용하기

Part 4
선과 글씨 짜기

선과 글씨 짜기를 마스터 할 수 있으려면 먼저 모눈종이에 연필로 짜고
자 하는 선과 글씨를 충분히 연습한 후 파이핑을 시작하여야 한다. 만약
선과 글씨에 대한 이미지가 머리속에 만들어지지 않은 상태에서 파이핑
연습을 한다면 선과 글씨 짜기에 대한 기술을 체득할 수 없을 것이다.

선 짜기

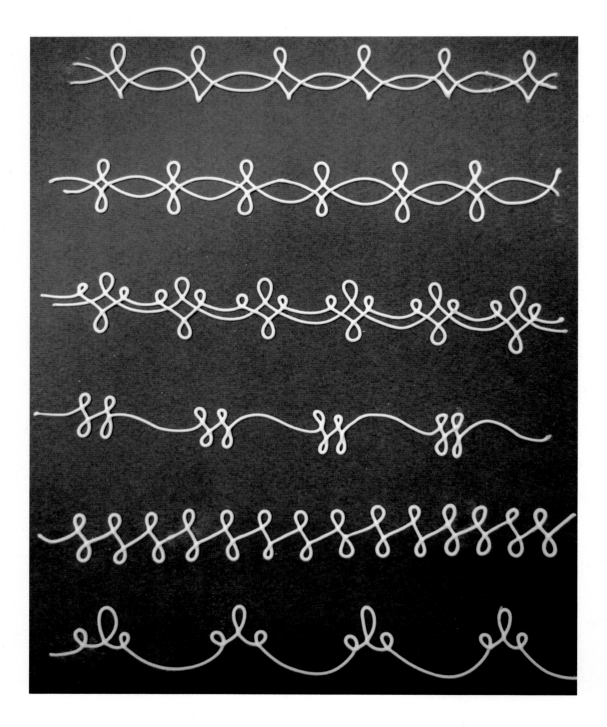

선 짜기를 할 때는 먼저 짤주머니에 일정하고 고른 압력을 주어 크림을 직선으로 짜내어 케이크 표면에 떨어지도록 할 수 있어야 한다. 반복된 연습으로 이것이 가능해지면 직선에 변화를 주면서 다양한 형태의 선을 그려 본다. 그런데 다양한 형태의 선 짜기가 생각처럼 되지 않는다면 다음과 같이 패턴지를 만들어 모션(Motion)을 익힌다. 그리고 난 후 크림으로 선 짜기를 연습한다면 효율적으로 선 짜기 능력을 체득할 수 있다. 좀 더 다양한 형태의 선을 그릴 수 있는 능력을 배양하고자 할 때에도 위와 같은 방법을 사용하면 된다.

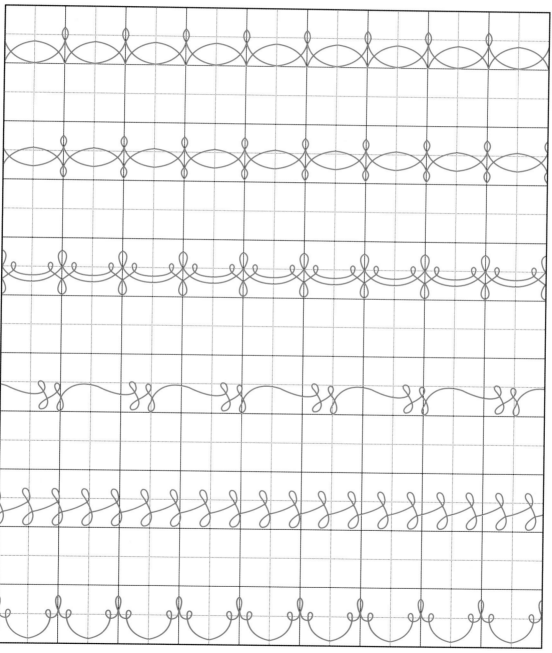

◉ 유산지를 대고 따라 그려보세요.

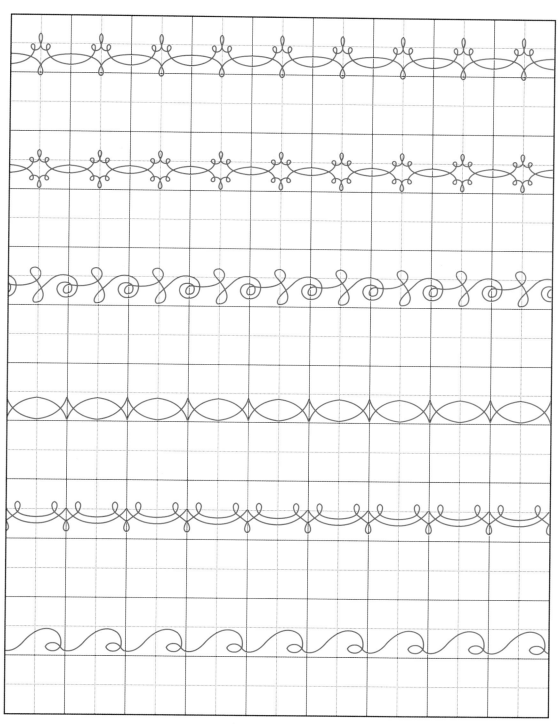

◎ 유산지를 대고 따라 그려보세요.

글씨 짜기

글씨 짜기 방법에는 글자를 그리듯이 짜는 방법과 평상시 글자를 쓰는 것처럼 짜는 방법이 있다.

글자를 그리듯이 짜기

여기서는 글자를 각인시킨 패턴 프레스와 같은 도구 없이 파이핑 테크닉으로 그리는 방법을 소개한다. 글자를 그릴 때는 일정하고 고른 압력으로 크림을 직선으로 짜내어 케이크 표면에 떨어지도록 한다. 적당한 시점에 크림의 선을 끊어 한 글자의 선을 완성한다. 그런 다음에 다른 선으로 모양 깍지를 이동하기 전에 깍지의 끝이 깨끗한지 확인한다.

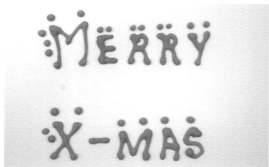

글자를 쓰듯이 짜기

글자를 쓸 때는 먼저 짤주머니에 일정하고 고른 압력을 주어 크림을 직선으로 짜내어 케이크 표면에 떨어지도록 할 수 있어야 한다. 반복된 연습으로 이것이 가능해지면 직선에 변화를 주면서 글자의 형태를 만들어본다. 그런 다음에 짤주머니에 압력의 변화를 주어 선에 두께를 조절하여 입체감 있는 글자를 쓰도록 한다. 이때 손목을 곧게 유지하면서 손가락이 아닌 팔뚝 전체를 사용하여 글자를 쓰듯이 짠다.

Institute JR
Baking School

St. Valentine

St. Valentine

St. Valentine

White Day

White Day

White Day

Happy New Year

Happy New Year

Happy New Year

◎ 유산지를 대고 따라 그려보세요.

Congratulation

Congratulation

Congratulation

I Love You

I Love You

I Love You

Happy Wedding

Happy Wedding

Happy Wedding

❀ 유산지를 대고 따라 그려보세요.

©KCY

©KCY

098

Happy Day

Happy Day

Happy Day

Anniversary

Anniversary

Anniversary

Thank You

Thank You

Thank You

◎ 유산지를 대고 따라 그려보세요.

Merry Christmas

Merry Christmas

Merry Christmas

Happy Birthday

Happy Birthday

Happy Birthday

Cook Luck

Cook Luck

Cook Luck

◉ 유산지를 대고 따라 그려보세요.

Part 5

다양한 조형물 짜기

다양한 조형물을 자유롭게 파이핑할 수 있으려면 먼저 기본
파이핑, 선 짜기와 글씨 쓰기를 마스터한 후 연습을 하는 것
이 매우 좋다. 그런 연습이 쌓이면 보다 손쉽게 조형물을 짤
수 있는 기술을 습득할 수 있다.

다양한 꽃 짜기

장미 봉우리 짜기

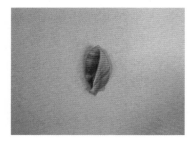  

1 꽃 깍지의 좁은 끝 부분이 위로 넓은 끝 부분이 아래로 위치하도록 한다.

2 짤주머니를 꽉 쥐고 압력을 주기 시작하면서 모양깍지를 위로 직진한다.

3 그런 다음 왼쪽에서 오른쪽으로 40도 각의 원을 그린다.

4 그런 다음 모양깍지를 아래로 내리는 직진동작으로 움직인다.

5 1장의 꽃잎을 짤 때 짤주머니를 누르는 압력과 움직임의 속도는 같게 한다.

6 짠 꽃잎 위에 겹쳐서 오른쪽에서 왼쪽으로 같은 방법으로 한 번 더 짜서 장미 봉우리를 완성한다.

평면 장미 짜기

1 꽃 깍지의 좁은 끝 부분이 위에 넓은 끝 부분이 아래에 위치하도록 한다.
2 꽃 깍지로 봉오리를 만들기 위해 1장의 잎을 짠다.
3 꽃 깍지로 봉오리를 만들기 위해 1장의 잎을 겹쳐 짠다.
4 꽃 깍지로 봉오리를 만들기 위해 1장의 잎을 다시 겹쳐 짠다.
5 꽃 깍지로 왼쪽에서 오른쪽으로 1장의 잎을 짠다. 이때 잎의 끝자락이 약간 뒤로 젖혀지게 모양깍지의 입구에서 크림이 나오는 속도보다 빠르게 잡아당긴다.
6 꽃 깍지를 활용하여 오른쪽에서 왼쪽으로 1장의 잎을 짠다. 이때도 잎의 끝자락이 약간 뒤로 젖혀지게 깍지의 입구에서 크림이 나오는 속도보다 빠르게 잡아당긴다.
7 유산지로 만든 짤주머니로 꽃받침을 짠다.
8 평면 장미로 꽃다발을 짤 수 있다.

장미 짜기

1. 10mm 원형 깍지로 장미 기둥을 짠다.
2. 꽃 깍지로 장미 기둥을 돌려가며 장미 잎을 한 장씩 짜서 붙여 장미를 완성한다.
3. 이때 꽃 깍지의 넓은 끝은 원뿔의 장미 기둥 중간지점 또는 약간 아래에 위치하고 좁은 끝은 장미 기둥의 위쪽을 가리키고 각도를 이루어야 한다.
4. 이제 장미 잎을 한 장씩 짜서 붙이려면 3가지 동작을 동시에 해야 한다. 짤주머니를 꽉 쥐어 크림의 양을 조절하고, 모양깍지의 위치와 각도를 생각하며 움직이고, T-네일을 돌린다.
5. 짤주머니를 쥐는 힘의 세기와 모양깍지를 움직이는 속도에 따라 장미 잎의 상태에 다양한 변화가 생긴다.
6. 예를 들면 쥐는 힘이 강한 경우 꽃잎에 주름이 생기고, 움직이는 속도가 빠르면 꽃잎의 끝 부분이 뒤로 젖혀진다.
7. 모양깍지를 움직이는 속도가 같다 할지라도 모양깍지의 위치와 각도에 따라 꽃잎의 모양이 달라지므로 사진을 통해 정확히 파악해야 한다.
8. 장미 기둥을 장미 잎으로 감쌀 때 감싸는 횟수는 3번이고, 첫 번째는 한 장의 잎으로 두 번째는 세 장의 잎으로 세 번째는 다섯 장의 잎으로 감싸면 된다.
9. 입체 장미로 조화롭게 배열하여 다양한 장미 짜기 파이핑 테크닉을 구사할 수 있다.

T-네일 사용 예시

평면 카네이션 짜기

1 먼저 기준을 세울 수 있도록 카네이션 잎을 세 곳에 짠다.
2 잎 깍지의 넓은 끝 부분이 표면에 닿고 좁은 끝 부분이 위로 향하게 한 후, 짤주머니를 꼭 쥐고 압력을 주기 시작하면서 모양깍지를 위아래로 직진하는 동작으로 움직인다. 이때 직진동작을 멈추는 시점에서 그만 짜고 당기면 카네이션 잎이 날카롭게 날이 선다.
3 이러한 동작으로 카네이션 잎 짜기를 반복하면서 카네이션을 조화롭게 완성한다.
4 유산지로 만든 짤주머니로 줄기와 리본을 짜서 꽃다발을 완성한다.

카네이션 짜기

1 꽃 깍지의 좁은 끝 부분이 위에 넓은 끝 부분이 아래에 위치하도록 한다.
2 짤주머니를 꽉 쥐고 압력을 주기 시작하면서 모양깍지를 위아래로 움직여 주름을 만든다.
3 그러면서 50도 각의 원을 그린다.
4 1장의 꽃잎을 짤 때 짤주머니를 누르는 압력과 움직임의 속도는 같게 한다.
5 위와 같은 동작을 반복하면서 카네이션을 만들 때 꽃잎의 위치를 사진을 보면서 설정한다.

와일드 로즈 짜기

1 꽃 깍지의 넓은 끝 부분이 표면에 닿고 좁은 끝 부분이 위로 향하게 한다.
2 짤주머니를 꽉 쥐고 압력을 주기 시작하면서 모양깍지를 위로 직진한다.
3 그리고 난 다음 75도 각의 원을 그린다.
4 그린 후 모양깍지를 아래로 내리는 직진동작으로 움직인다.
5 이때 원을 그리면서 직진동작을 멈추는 시점까지 짤주머니를 누르는 압력보다 움직임의 속도를 약간 빠르게 진행하여 꽃잎의 끝자락이 위로 올라오게 만든다.
6 위와 같은 동작을 5번 반복하여 와일드 로즈를 완성한다.

110

사과 꽃 짜기

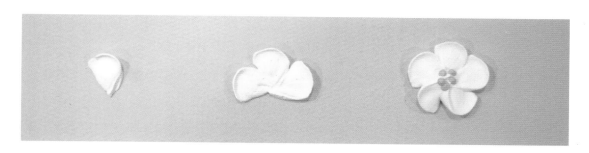

1 꽃 깍지의 넓은 끝 부분이 표면에 닿고 좁은 끝 부분이 위로 향하게 한다.
2 짤주머니를 꽉 쥐고 압력을 주기 시작하면서 모양깍지를 위로 직진한다.
3 그리고 난 다음 75도 각의 원을 그린다.
4 그린 후 모양깍지를 아래로 내리는 직진동작으로 움직인다.
5 이때 원을 그리면서 직진동작을 멈추는 시점까지 짤주머니를 누르는 압력보다 움직임의 속도를 약간 빠르게 진행하여 꽃잎의 끝자락이 위로 올라오게 만든다.
6 위와 같은 동작을 5번 반복하여 원형의 꽃을 만든 후 중심부분에 꽃술을 짜서 사과 꽃을 완성한다.

물망초 짜기

1 꽃 깍지의 넓은 끝 부분이 표면에 닿고 좁은 끝 부분이 위로 향하게 한다.
2 짤주머니를 꽉 쥐고 압력을 주기 시작하면서 모양깍지를 위로 직진한다.
3 그리고 난 다음 75도 각의 원을 그린다.
4 그린 후 모양깍지를 아래로 내리는 직진동작으로 움직인다.
5 이때 원을 그리면서 직진동작을 멈추는 시점까지 짤주머니를 누르는 압력보다 움직임의 속도를 약간 빠르게 진행하여 꽃잎의 끝자락이 위로 올라오게 만든다.
6 위와 같은 동작을 5번 반복하면서 원형을 만들 때 꽃잎의 위치를 사진을 보면서 설정한 후 중심부분에 꽃술을 짜서 물망초를 완성한다.

프림로즈 짜기

1 꽃 깍지의 넓은 끝 부분이 표면에 닿고 좁은 끝 부분이 위로 향하게 한다.
2 짤주머니를 꽉 쥐고 압력을 주기 시작하면서 모양깍지를 위로 직진한다.
3 그리고 난 다음 30도 각의 원을 그린다.
4 그린 후 모양깍지를 아래로 내리는 직진동작으로 움직인다.
5 이때 원을 그리면서 직진동작을 멈추는 시점까지 짤주머니를 누르는 압력보다 움직임의 속도를 약간 빠르게 진행하여 꽃잎의 끝자락이 위로 올라오게 만든다.
6 위와 같은 동작을 12번 반복하면서 원형을 만들 때 꽃잎의 위치를 사진을 보면서 설정한 후 중심부분에 꽃술을 짜서 프림로즈를 완성한다.

제비꽃 짜기

1 꽃 깍지의 넓은 끝 부분이 표면에 닿고 좁은 끝 부분이 위로 향하게 한다.
2 짤주머니를 꽉 쥐고 압력을 주기 시작하면서 모양깍지를 위로 직진한다.
3 그리고 난 다음 55도 각의 원을 그린다.
4 그린 후 모양깍지를 아래로 내리는 직진동작으로 움직인다.
5 이때 원을 그리면서 직진동작을 멈추는 시점까지 짤주머니를 누르는 압력보다 움직임의 속도를 약간 빠르게 진행하여 꽃잎의 끝자락이 위로 올라오게 만든다.
6 위와 같은 동작을 5번 반복하면서 원형을 만들 때 꽃잎의 위치를 사진을 보면서 설정한 후 중심부분에 꽃술을 짜서 제비꽃을 완성한다.

팬지 짜기

1 꽃 깍지의 넓은 끝 부분이 표면에 닿고 좁은 끝 부분이 위로 향하게 한다.
2 짤주머니를 꽉 쥐고 압력을 주기 시작하면서 모양깍지를 위로 직진한다.
3 그리고 난 다음 90도 각의 원을 그린다.
4 그린 후 모양깍지를 아래로 내리는 직진동작으로 움직인다.
5 이때 원을 그리면서 직진동작을 멈추는 시점까지 짤주머니를 누르는 압력보다 움직임의 속도를 약간 빠르게 진행하여 꽃잎의 끝자락이 위로 올라오게 만든다.
6 위와 같은 동작을 2번 반복하면서 반원을 만든다.
7 이번에는 위와 같은 방법으로 한번에 180도 각의 원을 그린다.
8 90도 각의 원을 그리며 짠 2장의 꽃잎 위에 작게 90도 각의 원을 그리며 2장의 잎을 겹쳐서 짠다.
9 가운데 꽃술을 짜서 팬지를 완성한다.

국화 짜기

1 10mm 원형 모양깍지로 원뿔의 꽃심을 짠다.
2 은방울 깍지를 사용하여 수직으로 잎을 짠다.
3 이때 국화잎을 한 장씩, 한 장씩 짤 때 국화잎 전체가 만들어 내는 원형의 균형과 높이의 균형을 사진처럼 맞추도록 한다.

데이지 짜기

1 꽃 깍지의 넓은 끝 부분이 표면에 닿고 좁은 끝 부분이 위로 향하게 한다.
2 짤주머니를 꽉 쥐고 압력을 주기 시작하면서 모양깍지를 위로 직진한다.
3 그리고 난 다음 30도 각의 원을 그린다.
4 그린 후 모양깍지를 아래로 내리는 직진동작으로 움직인다.
5 이때 원을 그리면서 직진동작을 멈추는 시점까지 짤주머니를 누르는 압력보다 움직임의 속도를 약간 빠르게 진행하여 꽃잎의 끝자락이 위로 올라오게 만든다.
6 위와 같은 동작을 12번 반복하면서 원형을 만들 때 꽃잎의 위치를 사진을 보면서 설정한 후 중심부분에 꽃술을 짜서 데이지를 완성한다.

©LHS

114

등꽃 짜기

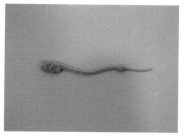  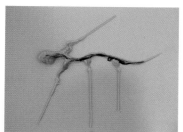

1   2mm 원형 모양깍지로 등나무 가지를 짠다.
2   2mm 원형 모양깍지로 등나무 가지에 잔가지를 짠다.
3   유산지로 만든 짤주머니로 등나무 꽃의 줄기를 짠다.
4   유산지로 만든 짤주머니로 등나무 잎을 짠다.
5   꽃 깍지를 이용하여 등꽃을 짠다.
6   등꽃 짜기는 평면 장미 짜기를 응용하여 파이핑 테크닉을 숙달하면 된다.

연꽃 짜기

1. 작은 별 깍지를 사용하여 꽃심과 꽃받침을 짠다.
2. 은방울 모양깍지를 사용하여 연꽃잎을 꽃심을 중심으로 원형으로 짠다.
3. 그 위에 겹쳐서 연꽃잎을 꽃심을 중심으로 원형으로 짠다.
4. 이때 연꽃잎을 한 장씩, 한 장씩 짤 때 연꽃잎 전체가 만들어 내는 원형의 균형과 높이의 균형을 사진처럼 맞추도록 한다.

다양한 잎 짜기

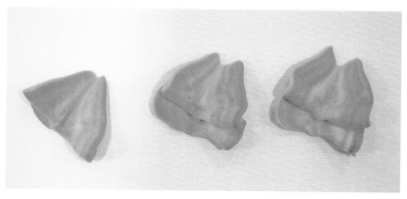

잎 깍지를 사용하여 짠다.

유산지로 만들어 잎 모양을 짠다.

새 부리형의 잎 깍지를 사용하여 짠다.

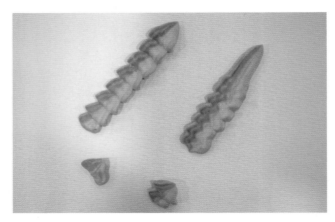

유산지로 만들어 잎 모양을 연속적으로 짠다.

작은 꽃 깍지를 사용하여 짠다.

작은 원형 깍지로 짠 후 이쑤시개로 무늬를 만든다.

Institute JR
Baking School

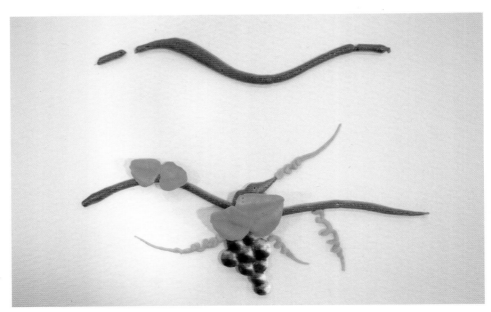

원형 깍지, 유산지로 만든 짤주머니를 활용하여 짠다.

원형 깍지, 별 깍지, 작은 잎 깍지, 유산지로 만든 짤주머니를 활용하여 짠다.

120

원형 깍지, 작은 잎 깍지, 유산지로 만든 짤주머니를 활용하여 짠다.

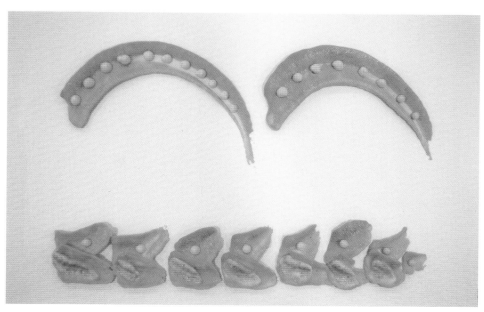

원형 깍지, 작은 잎 깍지, 유산지로 만든 짤주머니를 활용하여 짠다.

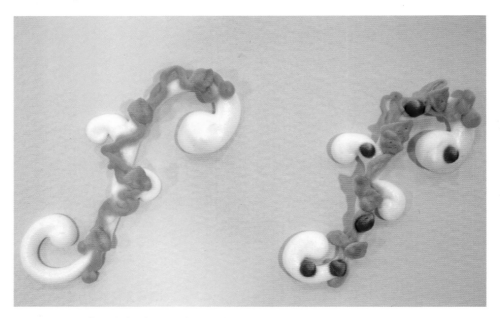

원형 깍지, 작은 잎 깍지, 유산지로 만든 짤주머니를 활용하여 짠다.

원형 깍지, 꽃 깍지, 작은 잎 깍지, 유산지로 만든 짤주머니를 활용하여 짠다.

©KCY

Institute JR
Baking School

다양한 동물 짜기

다람쥐 짜기

작은 별 깍지로 꼬리를 짠다.

8mm 원형 깍지로 몸통을 짠다.

8mm 원형 깍지로 얼굴을 짠다.

4mm 원형 깍지로 뒷다리를 짜고 유산
지로 만든 짤주머니로 귀를 짠다.

4mm 원형 깍지로 앞다리를 짜고 유산
지로 만든 짤주머니로 흰자위와 눈동
자를 짠다.

잎 깍지로 나뭇잎을 짜고 유산지로 만
든 짤주머니로 코를 짠 후 마무리한다.

토끼 짜기

상투과자용 별 깍지로 몸통을 짠다.

4mm 원형 깍지로 앞다리를 짠다.

8mm 원형 깍지로 얼굴을 짠다.

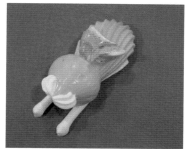

작은 별 깍지로 귀를 짜고 수염을 짠다.

유산지로 만든 짤주머니로 흰자위와 눈동자, 코를 짠다.

유산지로 만든 짤주머니로 당근을 짜고 마무리한다.

©KCY

125

병아리 짜기

작은 별 깍지로 둥지를 짠다.

8mm 원형 깍지로 몸통을 짠다.

8mm 원형 깍지로 얼굴을 짠다.

잎 깍지로 날개를 짠다.

유산지로 만든 짤주머니로 흰자위와 눈동자, 부리, 가슴에 장식물을 짠다.

4mm 원형 깍지로 모자를 짜고 마무리 한다.

닭 짜기

10mm 원형 깍지로 몸통에서 머리로 연이어 짠다.

물결무늬 깍지로 꼬리 날개를 짠다.

물결무늬 깍지로 한쪽 날개를 짠다.

물결무늬 깍지로 반대편 날개를 짠다.

유산지로 만든 짤주머니로 닭 벼슬을 짠다.

유산지로 만든 짤주머니로 눈동자를 짜고 마무리한다.

오리 짜기

8mm 원형 깍지로 몸통을 짠다.

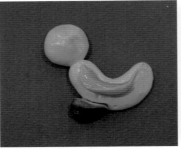

8mm 원형 깍지로 얼굴을 짜고 잎 깍지로 날개를 짜고 작은 별 깍지로 앞다리를 짠다.

작은 별 깍지로 뒷다리를 짜고 유산지로 만든 짤주머니로 꼬리 날개를 짠다.

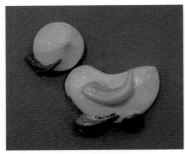

유산지로 만든 짤주머니로 부리를 짠다.

4mm 원형 깍지로 모자를 짠다.

유산지로 만든 짤주머니로 흰자위와 눈동자를 짜고 마무리 한다.

강아지 짜기 1

상투과자용 별 깍지로 몸통을 짠다.

4mm 원형 깍지로 앞다리를 짠다.

8mm 원형 깍지로 얼굴을 짠다.

작은 별 깍지로 귀를 짠다.

4mm 원형 깍지로 주둥이를 짜고 2mm 원형 깍지로 꼬리를 짠다.

유산지로 만든 짤주머니로 흰자위와 눈동자, 코, 입을 짜고 마무리한다.

강아지 짜기 2

10mm 원형 깍지로 몸통을 짠다.

4mm 원형 깍지로 앞다리를 짠다.

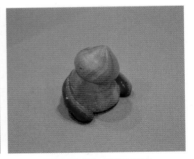
10mm 원형 깍지로 머리를 짠다.

폭이 좁고 일자로 된 모양깍지로 귀를 짜고 4mm 원형 깍지로 주둥이와 흰자 위를 짠다.

유산지로 만든 짤주머니로 눈동자, 코를 짠다.

유산지로 만든 짤주머니로 입을 짜고 작은 별 깍지로 모자를 짠 후 마무리한다.

비둘기 짜기

8mm 원형 깍지로 첫 번째 꼬리날개를 짠다.

8mm 원형 깍지로 두 번째 꼬리날개를 짠다.

8mm 원형 깍지로 세 번째 꼬리날개를 짠다.

8mm 원형 깍지로 몸통과 머리를 연이어 짠다.

8mm 원형 깍지로 한쪽 날개를 짜고 유산지로 만든 짤주머니로 눈동자를 짠다.

8mm 원형 깍지로 반대편 날개를 짜고 유산지로 만든 짤주머니로 부리를 짠 후 마무리한다.

©KCY

코끼리 짜기

10mm 원형 깍지로 몸통을 짠다.

10mm 원형 깍지로 머리를 짠다.

작은 장미 모양깍지로 한쪽 귀를 짠다.

작은 장미 모양깍지로 반대편 귀를 짜고 4mm 원형 깍지로 코를 짜고 다른 4mm 원형 깍지로 뒷다리를 짠다.

4mm 원형 깍지로 앞다리를 짜고 유산지로 만든 짤주머니로 흰자위와 눈동자를 짠다.

4mm 원형 깍지로 모자를 짠 후 마무리한다.

사슴 짜기

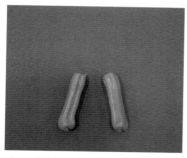

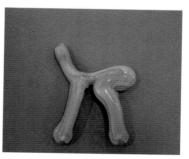

4mm 원형 깍지로 한쪽편의 앞다리와 뒷다리를 짠다.

4mm 원형 깍지로 목과 몸통 그리고 반대편의 뒷다리를 짠다.

4mm 원형 깍지로 반대편의 앞다리를 짠다.

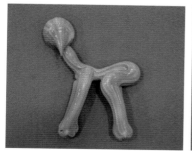

4mm 원형 깍지로 머리를 짠다.

유산지로 만든 짤주머니로 귀를 짠다.

유산지로 만든 짤주머니로 뿔과 눈을 짜고 4mm 원형 깍지로 꼬리를 짠 후 마무리한다.

133

팬더 짜기

10mm 원형 깍지로 몸통을 짠다.

4mm 원형 깍지로 뒷다리를 짠다.

4mm 원형 깍지로 앞다리를 짠다.

10mm 원형 깍지로 머리를 짠다.

유산지로 만든 짤주머니로 귀, 눈주위, 흰자위와 눈을 짠 뒤 4mm 원형 깍지로 주둥이를 짠다.

유산지로 만든 짤주머니로 코와 입을 짠 후 마무리한다.

학 짜기

4mm 원형 깍지로 몸통에서 목 그리고 머리로 연이어서 짠다.

4mm 원형 깍지로 양 날개를 짠다.

4mm 원형 깍지로 한쪽 날개의 날개깃을 짠다.

4mm 원형 깍지로 반대편 날개의 날개깃을 짜고 유산지로 만든 짤주머니로 부리, 눈동자, 다리를 짠다.

유산지로 만든 짤주머니로 머리 부분에 붉은색을 넣는다.

유산지로 만든 짤주머니로 양 날개깃에 무늬를 넣고 마무리를 한다.

사람 짜기

10mm 원형 깍지로 몸통을 짠다.

4mm 원형 깍지로 팔을 짠다.

8mm 원형 깍지로 머리를 짠다.

4mm 원형 깍지로 귀와 모자를 짠다.

유산지로 만든 짤주머니로 흰자위와
입을 짠다.

유산지로 만든 짤주머니로 눈동자를
짠 후 마무리한다.

천사 짜기

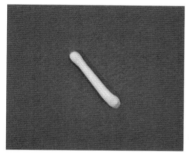

4mm 원형 깍지로 한쪽 다리를 짠다.

4mm 원형 깍지로 목에서 몸통 그리고 반대편 다리까지 연이어서 짠다.

4mm 원형 깍지로 한쪽 팔을 짠다.

4mm 원형 깍지로 한쪽 날개를 짠다.

4mm 원형 깍지로 날개깃과 얼굴을 짜고 다른 4mm 원형 깍지로 머리를 짠 뒤 유산지로 만든 짤주머니로 꽃의 줄기를 짠다.

유산지로 만든 짤주머니로 꽃과 잎을 짜고 마무리한다.

얼굴모습 짜기

1 10mm 원형 깍지로 얼굴을 짠다.
2 유산지로 만든 짤주머니로 얼굴에 머리, 눈썹, 눈동자, 코, 입 등을 짠다.

산타 짜기

2mm 원형 깍지로 구레나룻을 짠다.

물결무늬 깍지로 수염을 짠다.

8mm 원형 깍지로 얼굴을 짠다.

2mm 원형 깍지로 모자의 테두리를 짜고 4mm 원형 깍지로 모자를 짠다.

유산지로 만든 짤주머니로 흰자위, 콧수염, 모자의 윗부분 장식물을 짠다.

유산지로 만든 짤주머니로 눈동자와 코를 짠 후 마무리한다.

다양한 과일 짜기

바나나 짜기

1   4mm 원형 깍지로 약간 휘는 바나나 모양을 짠다.
2   유산지로 만든 짤주머니로 바나나의 끝부분을 짜고 마무리한다.

포도 짜기

1   4mm 원형 깍지로 구슬을 짜듯 포도송이를 짠다.
2   2mm 원형 깍지로 포도나무 가지를 짠다.
3   유산지로 만든 짤주머니로 포도나무 잎과 줄기를 짜고 마무리한다.

서양배 짜기

1 8mm 원형 깍지로 약간 긴 형태의 배 모양을 짠다.
2 유산지로 만든 짤주머니로 배의 끝부분을 짜고 마무리한다.

앵두 짜기

5mm 원형 깍지로 원형의 앵두 모양을 짠다.

유산지로 만든 짤주머니로 앵두 잎과 줄기를 짠다.

조화로운 구성을 위해 같은 방법으로 한 번 더 짠다.